図解・プレートテクトニクス入門

なぜ動くのか？ 原理から学ぶ地球のからくり

木村　学　著
大木勇人

ブルーバックス

カバー装幀／芦澤泰偉・児崎雅淑
キャラクターイラスト／あかひなの
図版／㈱日本グラフィックス

序章

　地震のしくみだけでなく、プレートテクトニクスそのものをもっと知りたい——そう感じている読者のために本書は書かれています。
「プレート」という言葉は、巨大地震が起こるしくみを解説するキーワードとして、新聞・テレビのニュース解説、あるいは理科の教科書などで目にしていることと思います。そのときに示されるのは、次のような内容や模式図です。
＊地球の表層は、硬い岩石の板がジグソーパズルのピースのように分かれて覆っており、その一つ一つをプレートとよぶ。
＊日本は複数のプレートの境界に位置し、海洋プレートが日本列島の下に沈み込んでいる（図１）。

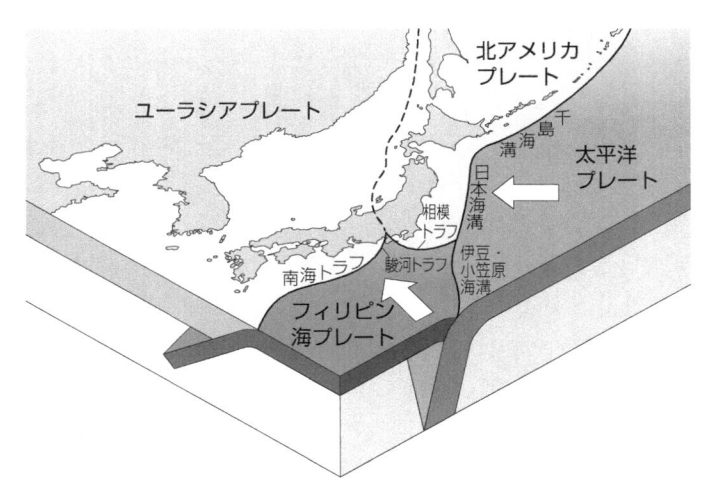

図１　日本付近のプレート　（地震調査研究推進本部の資料を改変）

＊沈み込む海洋プレートに引きずられて歪（ゆが）んだ日本列島側のプレートが、もとにもどろうとして跳（は）ね上がると、巨大地震や津波が発生する（図２）。

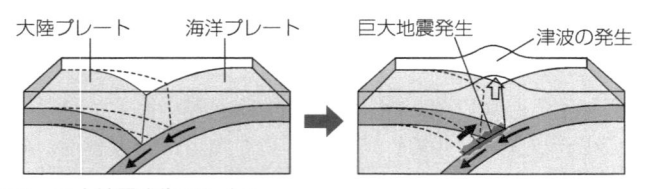

図２　巨大地震発生のしくみ

　これらは、巨大地震のしくみを簡潔かつ明快に説明してくれています。しかしその一方で、いろいろな疑問も残っているのではないでしょうか。たとえば……

　プレートテクトニクスと大陸移動説は同じなのか？──大陸が移動するという大胆な説を科学的に実証しようとした初めての科学者は、よく知られているように、アルフレッド・ウェーゲナーです。しかし、彼はプレートテクトニクスの創設者というわけではありませんでした。

　プレートの下はどうなっているのか？──たいていの人は最初、「プレートの下はドロドロのマグマ」という誤解をします。地球の内部の岩石は、固体であるにもかかわらず、流動する性質をもっています。岩石はどのようにして流動するのでしょうか。

　プレートは硬いはずなのに図２のように曲がりながら地球内部へ沈み込んでいくというのは、おかしいのではないか？──岩石の硬さや流動性についてどう考えればよいか、またプレートが曲がるときに何が起こるのかについては、頭の整理が必要です。

プレートはどのような力によって動くのか？ ── 「マントル対流」という言葉を聞いたことのある人は、プレートの下のマントル対流に乗って動くと考えるでしょう。しかし、近年わかってきたマントル対流の姿は、プレートの運動とぴったり一致しているわけではありません。

地球の表面を覆う「プレート」の運動によって地球上のさまざまな現象を解き明かす地球科学を**プレートテクトニクス**と言います。「テクトニクス」は、一般には「構造」を表しますが、地球科学では、「地質構造」やその変動である「地殻変動」を表します。プレートテクトニクスは、地球表面の岩石圏に見られるさまざまな構造や変動を解き明かす科学です。

解き明かす現象は、地震はもちろん、火山ができるしくみ、高い山ができるしくみ、深い海底ができるしくみなど、広範です。プレートテクトニクスが学説として構築されたのは、1960年代のこと。その後、地球科学はさらに進歩し、1990年代から日本を中心とした研究で、地震波をもとにした地球内部の状態を表す画像の作成に成功し、マントル内の「プルーム」とよばれる熱い上昇流の姿や、日本列島の下に沈み込んだ「スラブ」とよばれるプレートの姿をとらえることが可能になりました。さらに、海洋底を数千m掘って岩石を採取できる日本の深海掘削船の活躍も始まっています。

これからプレートテクトニクスの話を始めましょう。

図解・プレートテクトニクス　もくじ

序章　3

1章　大陸移動説の成り立ち　9

1　大陸移動説はプレートテクトニクスなのか　10
2　大陸が浮かぶ原理は何か　21

2章　海洋底拡大説からプレートテクトニクスへ　29

1　地震波で見た地球の内部構造　30
2　大陸移動説の復活　35
3　海洋底拡大説の登場　41
4　プレートテクトニクスの構築　49

3章　地球をつくる岩石のひみつ　59

1　岩石とは何か　60
2　岩石はどのように流動するのか　65
3　プレートは硬いリソスフェア　72

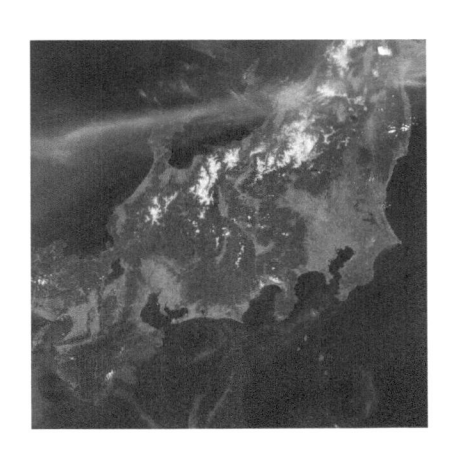

4章	**海嶺と海洋プレートのしくみ** 75

    1 マントルから海洋プレートができるまで 76
    2 海洋プレートはどう動いているのか 92

5章	**なぜ動くのか？——マントル対流とスラブ** 99

    1 トモグラフィーで見たマントル対流 100
    2 プレートを引き込むスラブのはたらき 110
    3 ホットスポットとマントルプルーム 116

6章	**沈み込み帯で陸ができるしくみ** 125

    1 海溝の背後にできる火山帯 126
    2 沈み込み帯の断層 135
    3 陸をつくるはたらき——付加作用 140
    4 削られる陸・沈み込む海嶺 152

7章 衝突する島弧と大陸のしくみ　159

　　1　日本列島に見られる島弧の衝突　160
　　2　大陸の衝突とヒマラヤ・チベット　172

8章 プレートテクトニクスと地震　181

　　1　プレート境界の地震　182
　　2　沈み込み帯で起こるいろいろなタイプの地震　194
　　3　見直される海溝型地震　202

あとがき　216

参考文献　219

さくいん　220

1章 大陸移動説の成り立ち

Die Entstehung der
Kontinente und Ozeane

Von
Dr. Alfred Wegener
o. ö. Professor der Meteorologie und Geophysik
an der Universität Graz

Vierte umgearbeitete Auflage

Mit 63 Abbildungen

Braunschweig
Druck und Verlag von Friedr. Vieweg & Sohn Akt.-Ges.
1929

『大陸と海洋の起源 第4版』アルフレッド・ウェーゲナー

1　大陸移動説はプレートテクトニクスなのか

ウェーゲナーの説

　今からおよそ1世紀前の1915年、ドイツの科学者アルフレッド・ウェーゲナー（1880-1930）は、著書『大陸と海洋の起源』を出版し、「大陸移動説」を提唱しました。それは、かつて地球上のすべての大陸は1つにまとまっており、それが分裂して移動したことで大西洋ができ、現在の大陸分布にいたった……という仮説でした。

　図1-1は、大陸移動の段階を示したウェーゲナーによる図です。古生代には1つであった大陸が、中生代に分裂を開始し、新生代を経て現在の大陸分布になりました。今日では、この図に描かれたウェーゲナーの大陸移動の仮説は、大まかに言って正しかったことがわかっています。ただし、インド半島の動きは、今日理解されている動きとは異なるので、7章でふれることにします。

　それはさておき、古生代の地球は、片側の半球は海ばかりで、もう片側の半球は巨大な大陸が占めていたことになります。この大陸は現在見られる大陸がすべて合体した姿であることから、ウェーゲナーによって**超大陸**とよばれ、また「パンゲア」と名付けられています。

　超大陸であるパンゲアが分裂して別々の大陸になり始めた中生代はどういう時代だったか——それは、陸には恐竜が、海には大型アンモナイトが繁栄していた時代でした。図1-2は各地質年代の特徴を簡潔にまとめたものです。今日、陸続きのユーラシア大陸だけでなく、オーストラリア大陸や南極大陸でも恐竜化石が発掘されています。海を隔てた世界中の

1章 大陸移動説の成り立ち

大陸で恐竜の化石が発見されているわけですが、このことは、中生代に各大陸が陸続きであったことを示し、大陸移動の証拠の1つとなっています。

古生代石炭紀（約3億年前）

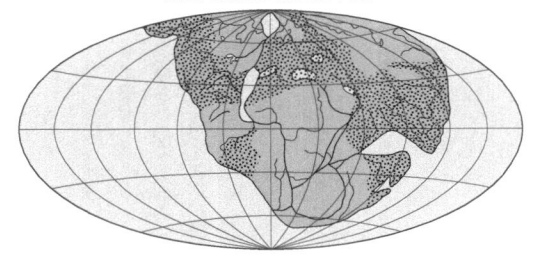

新生代古第三紀（約5500万年前）

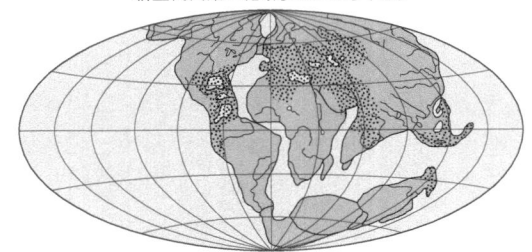

新生代第四紀（約150万年前）

浅い海

図1-1 **ウェーゲナーの示した大陸移動** ただし年代は今日の理解によるもの。（『大陸と海洋の起源』を改変）

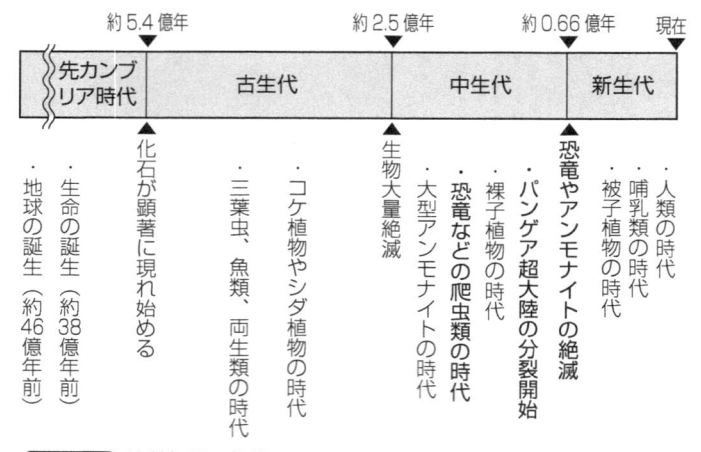

```
        約5.4億年           約2.5億年         約0.66億年    現在
┌─────┬──────────┬──────────┬──────────┐
│先カンブ│          │          │          │
│リア時代│  古生代   │  中生代   │  新生代   │
└─────┴──────────┴──────────┴──────────┘
         ▲          ▲          ▲
```

・地球の誕生（約46億年前）
・生命の誕生（約38億年前）
化石が顕著に現れ始める
・コケ植物やシダ植物の時代
・三葉虫、魚類、両生類の時代
生物大量絶滅
・大型アンモナイトの時代
・恐竜などの爬虫類の時代
・裸子植物の時代
・パンゲア超大陸の分裂開始
恐竜やアンモナイトの絶滅
・被子植物の時代
・哺乳類の時代
・人類の時代

図1-2 地質年代の特徴

ところで大陸移動説は、「プレートが動いている」とする現代のプレートテクトニクスと似ていますが、内容はどこまで同じなのでしょうか？　大陸移動説の主張する内容は、ウェーゲナーの著書『大陸と海洋の起源』から、次のようにまとめることができます。

＊大陸は、比較的軽い《シアル》とよばれる岩石からできており、それがもっと重くて流動性をもつ《シマ》とよばれる岩石の層の上に浮かんでいる（図1-3）。

＊流動性のある《シマ》は、大陸の下にあるだけでなく、海洋底に露出している。

＊大陸は《シマ》の上に浮きながら移動する。

ここで、軽い岩石《シアル》、重くて流動性のある岩石《シマ》は、今日の地球科学では使われていない概念なので《　》でくくっておきました。今後も混乱を避けるため、今は使わ

1章　大陸移動説の成り立ち

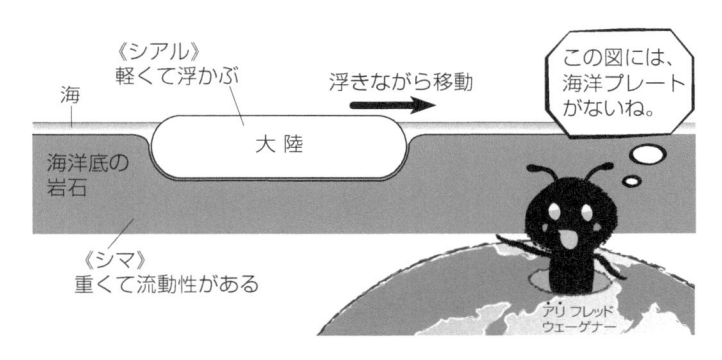

図中の注記：
- 海
- 《シアル》軽くて浮かぶ
- 浮きながら移動
- 海洋底の岩石
- 大陸
- 《シマ》重くて流動性がある
- この図には、海洋プレートがないね。
- アルフレッド ウェーゲナー

図1-3 ウェーゲナーの考えた大陸移動

れていない言葉や概念は《　》でくくって示すことにします。

　もう一度やさしく言い換えると、ウェーゲナーの考えとは、軽い大陸は、重くて流動性のある岩石層の上に浮かんでおり、その流動性のある岩石を押しのけながら、水平に移動するというものでした。

　この大陸移動説を今日のプレートテクトニクスと比べると、海洋底の理解が大きく異なります。つまり、ウェーゲナーの説には海洋プレートに相当するものがなく、海洋底は流動性のある岩石《シマ》でできているとしているのです。ウェーゲナーの生きた1900年前後の時代は、海洋底についての観測がまだ少なく、理解が進んでいなかったことが背景にあります。ウェーゲナーの大陸移動説は、プレートテクトニクスにつながる考え方ではあるものの、プレートテクトニクス以前の学説であったと言えます。

　ウェーゲナーは、大学では天文学を学び、職業としては気象学や気候学を専門とする科学者でした。大気の高層を気球で観測する高層気象観測の先駆けとなる研究を行ったり『大

13

気の熱力学』のような理論書を著したりしています。また、気温と降水量に基づく世界の気候区分——熱帯、乾燥帯、温帯、寒帯など——を構築したことでよく知られるケッペンと親しく、彼の娘と結婚しました。ケッペンとの共著『地質時代における気候』（1924）もあります。

冒険家としての顔をもち、熱気球での滞空時間の世界記録を達成したり、大陸氷河に覆われるグリーンランドの探検隊に、数度にわたって参加したりもしていました。4度目の探検では、遭難して命を落とし、1930年、波乱の生涯を終えました。

その生涯のうち、ウェーゲナーが大陸移動説を着想したのは30歳のころです。大西洋をはさむ大陸の海岸線の形が、まるでパズルのようにぴったり合わさることが発想のきっかけであったことは、よく知られています（図1-4）。ウェーゲナーからさらに300年以上さかのぼる16世紀には、すでにメルカトルによって世界地図が作成されていましたから、世界地図を見て同様の考えをもった人は、それまでにもたくさんいたに違いありません。しかし大陸が動くという奇想天外な考えを裏付ける根拠を示し得る人は、誰もいなかったのです。

図1-4 大陸のパズル合わせ

1章　大陸移動説の成り立ち

大陸が移動している証拠

　ウェーゲナーは、その着想を得た1910年から1年後、大陸移動に裏付けを与える研究に出会います。それは、古生物学の既存の研究成果で、陸続きでない複数の大陸に共通の古生物の化石が見つかっているというものでした。これを説明するために、古生物学では、かつては大陸と大陸が《陸橋》とよばれる橋のような陸地で、あるいは《挟在大陸》とよばれる今はなき大陸でつながっていたと考えていました。このような考えを《陸橋説》と言います。

　生物の進化については、ダーウィンの『種の起源』が1859年の出版ですから、それから五十数年経ったウェーゲナーの時代には、すでに一定の理解がありました。進化は、環境に適応して生き残った個体のもつ性質が、子孫に受けつがれて進みます。異なる環境の場所で長期間隔離されて生物が進化すると、独自の特徴をもつようになることは、すでに知られていました。

　現代であれば、海を越えて輸送される貨物にほかの大陸の動物がまぎれたり、ペットとして運ばれてきた動物が逃げて野生化することがあります。しかし、太古においては、陸上動物は海を隔てて遠く離れた大陸間を移動できません。それにもかかわらず、同じ特徴をもった種が別の大陸に存在したのですから、合理的な説明のために《陸橋説》が必要であったというわけです。

　ところで、《陸橋》というのは、なかなか奇妙な概念です。かつての陸の痕跡が海から発見されていたわけではないにもかかわらず、古生物学の研究を通じた証拠による推論から概念が生まれ、定着していました。また《陸橋》は、地球史上

のあるときに海底に沈んで、現在はなくなっているのだと「漠然と」考えられていました。

このような《陸橋》の考えのもとになった古生物として、ミミズやカタツムリのなかま、サルのなかま、爬虫類のなかまのほか、いろいろな植物などがあります。それらは、ヨーロッパ西部と北アメリカ大陸東部、あるいはアフリカ大陸西部と南アメリカ大陸東部、マダガスカルとインドに共通して化石として見られました（図1-5）。また、先ほど述べたように、南極大陸などで恐竜化石が見つかることも、現在では同様の例としてあげることができます。もし、ウェーゲナーが着想したように、大陸がかつて1つであったなら、《陸橋》を考えなくても化石の分布をうまく説明できます。

さらに彼は、古生物の分布以外にも、大陸移動を裏付ける証拠として、古生代（石炭紀からペルム紀、約3億年前）における氷河の痕跡の分布も示しました。氷河は、厚く積もった雪が重みで圧し固められ、厚さが数千mにもおよぶ氷のかたまりになったものです。氷河の氷は、それ自身の重さによ

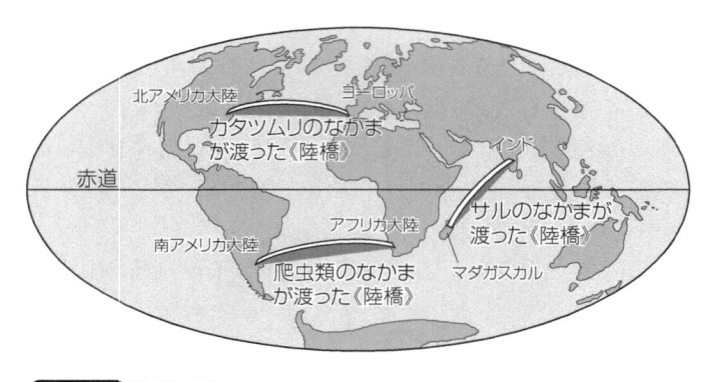

図 1-5 陸橋の例

る巨大な力が加わり続けることによって、水飴のようにゆっくりと形を変えて流れます。1年に数cm進むというペースです。氷河が地表を流れ下るときに、厚い氷の重さによる強大な圧力によって、氷の底の岩石を砕きます。できた砂利は氷河の末端にまで運ばれ、そこで氷河が溶けることによって砂利の山が残ります。ヨーロッパの多くの地方では、このような氷河の痕跡としての砂利の山が身近にたくさんあり、道路工事をしたときなどに出てきます。

　氷河が大陸の広い面積を一面に覆った状態にまでなったものを、特に大陸氷河（氷床）と言います。大陸氷河が広がった時代は地球史上何度もありました。石炭紀からペルム紀における大陸氷河の痕跡の世界的な分布を調べると、当時の大陸氷河の広がっていた範囲がわかりました（図1-6）。両極に近い高緯度側ほど平均気温が低いので、大陸氷河の広がる限界は地図の緯線に沿うのが普通です。ところが調べた分布

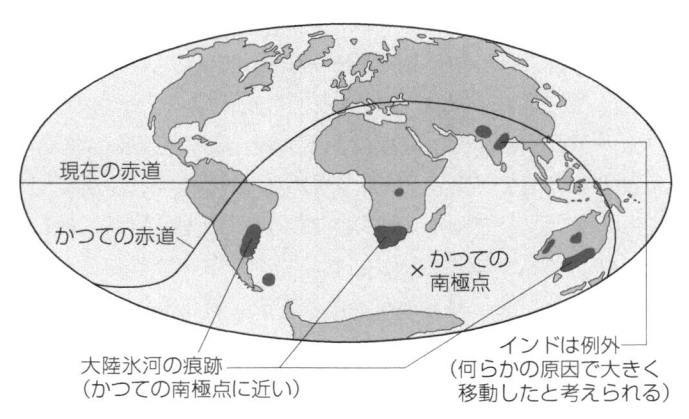

図1-6 ウェーゲナーが示した古生代（石炭紀からペルム紀）の大陸氷河の痕跡

は、高緯度からインドまで広がる奇妙な広がり方でした。もし3億年の間に大陸が移動したならば、高緯度でできた氷河の痕跡が赤道近くに大陸ごと移動したと説明できます。

　ウェーゲナーが著書『大陸と海洋の起源』の初版を出版したのは1915年のことでしたが、その後も版を重ねるごとに証拠を固めたり、またほかの研究者の反論に答える内容を入れたりしながら、第4版まで改訂しました。たくさんの証拠を集めて論を打ち立てることができたのは、大航海時代から産業革命以降のヨーロッパの帝国主義が、世界中の資源を発掘するために地質調査を行い、膨大なデータを蓄積していたという時代背景の影響もあります。彼はそれらを地球規模で総合して大きな結論を導き出した最初の科学者であったと言えるでしょう。

　ウェーゲナーは大陸移動を裏付ける数々の証拠を示したものの、それらは大陸が移動したことの直接的な証拠ではなく、事件の捜査になぞらえれば「状況証拠」の積み重ねのようなものでした。大陸はなぜ動くのか？——その説明が求められました。「なぜ動くのか？」は、本書でも重視するテーマです。

　ウェーゲナーは、大陸移動の原動力を地球の自転による遠心力とするアイデアを示したものの、ほかの科学者を説得できるものではありませんでした。この時代の地球科学には、大陸を動かすメカニズムについての論を打ち立てる前提となる知見が、まだ整っていなかったのです。特に海洋底の知識が不足していたことは、大陸が海洋底の流動性をもつ岩石《シマ》をかき分けるように、あるいはその上を滑るようにして動くというモデルしか示し得なかったことからも、推し量ることができます。海洋底の詳しい観測が可能になるには、ま

だ数十年の時が必要だったのです。

　ウェーゲナーは、大陸が動いていることを観測によって直接確かめようともしていました。その方法というのは、ヨーロッパとグリーンランドから同じ恒星を観測し、大西洋をはさんだ両地の距離が離れていっていることを、恒星の見える方向の微小な変化で確かめようというものでした。この方法が可能と考えたのは、大陸の移動速度を年間30mという実際よりも桁違いに大きい値に見積もっていたためです。今日では、移動速度は年間数cm程度とわかっており、ウェーゲナーの方法では大陸の動きを検知できません。実は、彼が命を落としたのは、この観測を行うためのグリーンランド探検だったのです。

　大陸移動説は当時主流の学説にはなれませんでしたが、見向きもされなかったというわけではなく、大きな議論を巻き起こしていました。各国語に翻訳され、日本でも、科学者・随筆家として知られる寺田寅彦が1920年代に大陸移動説を紹介した記録があります。当時巻き起こった議論は、ウェーゲナーの死と世界大戦によって中断こそされましたが、死に絶えたわけではなく、後に述べるように、戦後すぐに議論が湧き上がることになります。

廃れた学説《地球収縮説》《地向斜》

　地層は、陸で火山灰が積もったり、湖に泥が堆積したりしてできる場合もありますが、多くの場合は、広い海洋で海底に土砂や海洋生物の死がいが堆積してできます。ところが地層は、陸上の露頭――岩石や土砂が露出した崖――の多くで見られます。海底でできた地層が陸になるという大きな変動

がどう起こるのかを解明すること は、古くから地球科学の大きな課題 でした。この変動は、私たちが学ん できた日本の義務教育の理科では残 念ながらほとんど扱われてこなかっ たため、不思議に感じるままでいる 社会人も多いに違いありません。

ウェーゲナーの時代、海底が陸に なる説明として、《地球収縮説》と よばれる仮説が主流でした。これは、誕生したときに高温だっ た地球が、その後、冷えて縮み続けていると考えるものです。 地球内部が冷えて体積が縮小すると、地球の表面積も小さく なりますが、表面を覆う「皮」のような岩石層は硬いので容 易には縮まず、その「皮」が余ってしわが寄ってきます。こ のしわの高いところが山になり、低いところが海になるとい うわけです。また、しわの寄り方が変化するときに、《陸橋》 が沈んだり、海底が陸になったりするのだとも説明されまし た。

この仮説が正しければ、海と陸は地表全体に均等に分布し、 いたるところに山脈や細長い海がありそうなものですが、実 際の地球表面はそのようにはなっていません。海と陸はそれ ぞれ広大に広がり、偏った分布をしています。ですから《地 球収縮説》は十分な学説ではありませんでしたが、大陸移動 説は、この学説にとってかわることはできませんでした。

ウェーゲナーの死後、《地球収縮説》に代わって盛んになっ たのは、《地向斜》とよばれる説でした。海底に厚く堆積し 続けた地層があるときを境に急に隆起し始める――という非

常に理解しにくいものです。日本の地質学の教科書も1975年ごろまでは《地向斜》が中心でしたので、現在第一線で活躍している地球科学の研究者たちの中には、古い学説からプレートテクトニクスへのパラダイムの転換を目の当たりにした人も多くいます。この話は、2章でまたふれることにしましょう。

　さて、ウェーゲナーの活躍した時代、つまり1900年代前半の地球科学を概観すると、《地球収縮説》、《陸橋説》、《地向斜》などの現在ではすっかり廃れてしまったものだけでなく、現代の地球科学にも通ずる理論も存在していました。その1つに「アイソスタシー」があります。当時はまだ広く定着していなかったこの学説をウェーゲナーは重視し、理論的な柱の1つにしていました。

2　大陸が浮かぶ原理は何か

陸は高く、海底は低い本当の理由

　アイソスタシーは、地球表面の軽い岩石が、その下の重くて流動性のある岩石に浮いているという原理を指す言葉です。この原理は、すでに前掲の図で、軽い《シアル》が重い《シマ》の上に浮くようすとして示しました。これからは、大陸や海洋底の軽い岩石層に対して「地殻」、その下の重くて流動する岩石に対して「マントル」の名称も使うことにします。「地殻」「マントル」の定義については、後で改めて解説します。

　アイソスタシーを用いると、大陸や海洋の地殻の構造について、重要な考察をすることができます。ここでウェーゲナ

一も取り組んだ次の問いを考えてみましょう。
「なぜ海洋底は低く、陸は高いのか？」

この問いに対し、「低いところに水がたまって海になったのだから、海底が低いのは当たり前ではないか」という印象をもつかもしれません。しかし、最初にもつその印象と異なり、海洋底と大陸の高さの違いは、1つの原理によって必然的に生じています。

図1-7を見てください。月、火星、地球、金星の表面について、標高の分布を示したグラフです。いろいろな標高の場所が各惑星の表面全体に占める面積の割合を表しています。地球は海面の高さを0mとし、ほかの天体は海がないので適当な基準を決めて0mにしてあります。グラフの右に膨らんだところは、その標高の場所が広い面積にわたって存在することを示します。

金星のグラフを見ると、ピークが1つの山形です。これは、

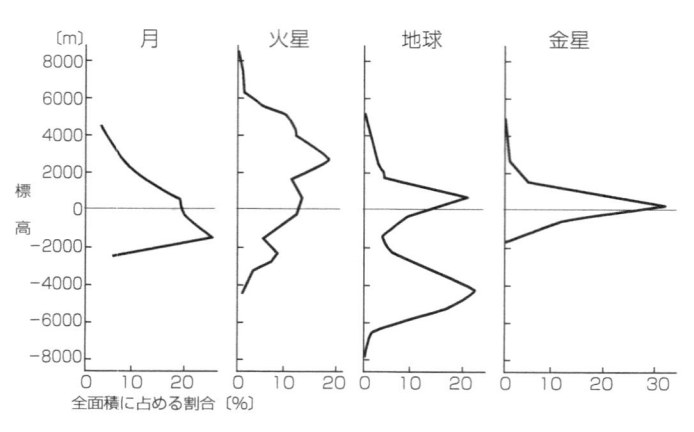

図1-7 惑星表面の高度分布　　　　　　　　　〈Meisser, 1986〉を改変

1章　大陸移動説の成り立ち

平均的な標高の場所が多いことを表しています。

一方、地球を見ると、ピークが2つあります。1つは陸の0mから1000m付近に、もう1つは－4000mから－5000m付近です。それらの中間にあたる－1000mから－3000m付近の場所は、極端に少ないことがわかります。つまり、地球表面を大陸から海洋底の深いところへとたどると、なだらかに低くなっていくのではなく、途中が急な斜面になっていて、大陸と海洋底の2段に分かれているのです。このような特徴は、月にも火星にも見られません。

ウェーゲナーの時代にも、大西洋などの大洋では、海洋底の多くの部分は4000m以上の深さがあり、大陸の縁からその深さにまで達する海底の斜面は急であることが知られ、『大陸と海洋の起源』にも、地球表面について図1-7に似た分布図が示されていました。

彼は、この興味深い事実が誰によっても説明されていないことに目をつけ、著書の中で、大陸は《シアル》という軽い岩石でできているため、それより重く流動性のある海洋底の《シマ》の表面よりも浮かび上がっており、そのため大陸と海洋底に段差ができる——と説明してみせました。

今日の言葉で言えば、海洋底は《シマ》ではなく大陸地殻とは別の硬い岩石でできているので、模式的に図1-8のように表すことができます。つまり、軽い大陸地殻は、重い海洋地殻よりも浮かび上がっているということです。

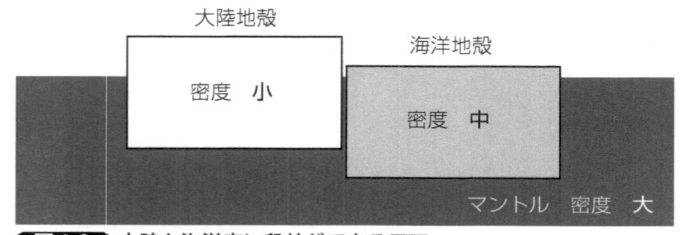

```
        大陸地殻
                    海洋地殻
     密度　小
                 密度　中

                          マントル　密度　大
```

図1-8 大陸と海洋底に段差ができる原理

　大陸と海洋底の標高は、それぞれをつくる岩石の密度によって自ずと決まる——これは《地球収縮説》での「しわ」とはまったく異なるシンプルで明解な説明です。

　さらにウェーゲナーは、アイソスタシーを根拠にして、《陸橋説》も明確に否定しました。《陸橋説》では、大陸と大陸をつないでいた過去の《陸橋》や《挟在大陸》が現在では海底に沈んだと考えていました。浅い海ならば、海面の上下変動——氷河の形成と融解などによる海水量の変化——で陸になったり海になったりすることがあり得ますが、大西洋のような深い海では不可能です。仮に、大陸を無理に海底の高さにまで押し下げたとしても、アイソスタシーの原理がはたらいて、自然に浮かび上がってきてしまいますね。

　このような、押し下げても放せば浮かび上がってしまうという話は、実は想像上のことだけではなく、実例があります。北ヨーロッパのスカンジナビア半島は、今から2万年前まで数千mもの厚い大陸氷河に覆われていました。そのため、氷河に削られてできたフィヨルドなどの地形がたくさん残っています。この地域の地殻は、大陸氷河の重さによる巨大な下向きの力で押されていたため、大陸氷河のない大陸に比べて

マントル中に深く沈み込み、低くなっていました。たかが氷と思ってはいけません。氷の密度は岩石の密度の3分の1ほどはあるので、3000mの厚さの氷河は、1000mの岩石層に相当します。

氷河時代が終わり、地球の平均気温が上がると、氷河は溶けてなくなりました。大陸氷河による下向きの力が消失したスカンジナビア半島は、その後浮かび上がり続けています。このため、2万年前の海岸線の跡が、現在の標高275mの場所に見つかっています。

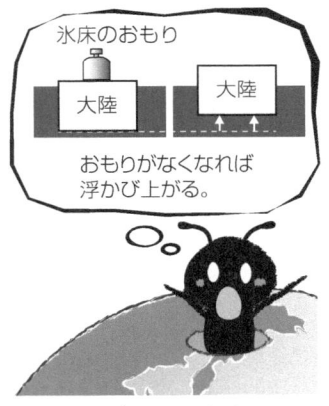

おもりをとると浮かび上がるというのは、シンプルな原理ですね。この話は、7章でチベット高原がなぜ高いかを考える際にもう一度重要になってきます。

岩石柱の重さで考えたアイソスタシー

図1-8では、簡単に説明するため、大陸地殻と海洋地殻を同じ厚さと仮定しました。実際には厚さの違いがあり、大陸地殻は海洋地殻よりも厚くなっています（図1-9）。また、同じ大陸地殻でも、低地よりも山脈のほうが厚くなっています。このようなときにアイソスタシーの成立をどのように考えればよいかにふれておきましょう。

シンプルな方法です。それは、図1-9に示したように、同じ深さ（点線）までの岩石の柱を仮定して、それぞれの重さは等しいと考えるのです。地下での圧力は、その上にある物

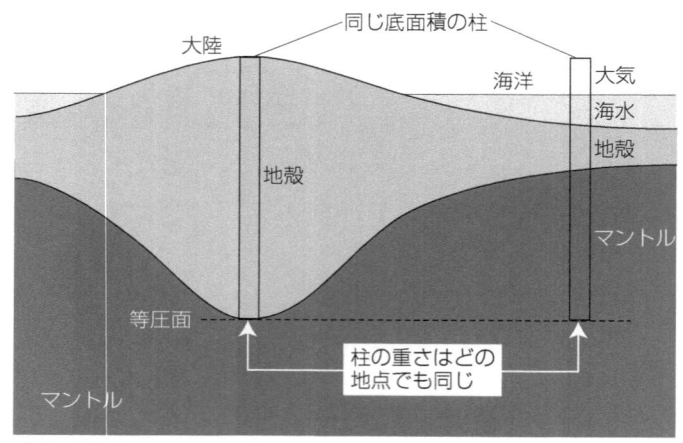

図 1-9　アイソスタシーの考え方　岩石柱の重さが等しい。

質の重さの総量で決まります。その重さを底面積で割ったのが圧力です。同じ底面積ならば、岩石柱の重さは、地下での圧力を表していることになります。ですから、同じ深さまでの岩石柱の重さは等しいのです。

　地殻の上に海水や大陸氷河がある場合はそれらも岩石柱の重さに加えて考え、さらに空気の重さも考えることで、アイソスタシーの成立を示すことができます。

　圧力で考えたので、浮かんでいるという説明と符合しないように感じるかもしれませんが、実は言っていることは同じです。浮力の原理は、**アルキメデスの原理**ともよばれます。義務教育の理科では学習内容になっていないので、あるいはアルキメデスの原理を知らない人もいるかもしれません。アルキメデスの原理とは、「物体が受ける浮力の大きさは、物体が押しのけた流体の重さに等しい」というものです。

1章　大陸移動説の成り立ち

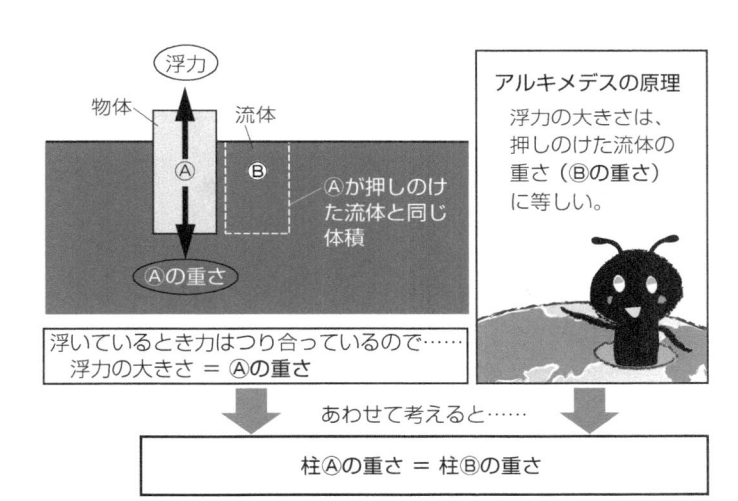

図 1-10 アルキメデスの原理も柱の重さで考えることができる

　図1-10のように、柱Ⓐが水などの流体に浮いて静止している状態を考えましょう。このとき、柱Ⓐの受ける浮力の大きさは、Ⓑで表した流体の柱の重さに等しいことになります。一方、柱Ⓐにおいては、重さと浮力がつり合っています。あわせて考えると、柱Ⓐの重さと柱Ⓑの重さは等しい、ということになります。これは図1-9で考えたのと同じことですね。
　アイソスタシーは、アルキメデスの原理を使ったシンプルな原理として受け入れやすいと思います。しかしながら、一方で「大陸が浮かぶ」ということに関して、まだもやもやとした疑問も残っているかもしれません。大陸地殻や海洋地殻がマントルに浮かんでいるのならば、その下のマントルは、やはりドロドロの溶岩あるいはマグマなのではないか――今までの話を理解すればするほどそう思えてきます。

2章 海洋底拡大説からプレートテクトニクスへ

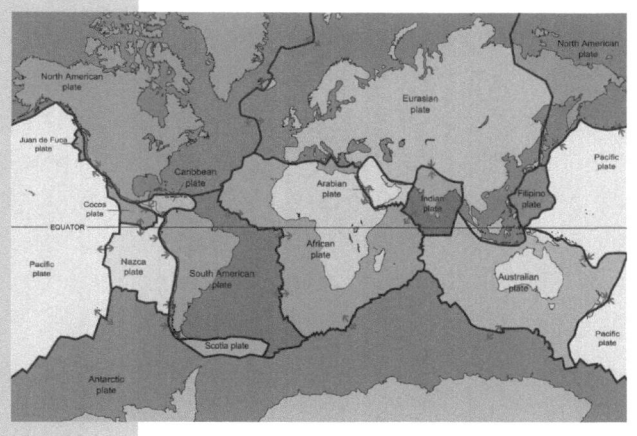

世界のプレート分布（出典：アメリカ地質調査所）

1 地震波で見た地球の内部構造

モホロビチッチの発見

　マントルは液体のマグマ？——この素朴な発想は、誰もが自然にもつものです。地球は内部へいくほど熱く、火山からマグマがあふれるのを見ているからです。しかし、マントルが固体であることは、すでにウェーゲナーと同時代、地震波の観測による地球内部の推測によって得られつつあった知見です。この観測で初めて大きな成果を上げたのは、クロアチアの地震学者モホロビチッチ（1857-1936）でした。

　彼は、地震の際に、地震波がどれだけの時間で距離の異なる各地に届くかを詳細に計測し、地震波の速さを調べました。その結果わかったのは、震源からある程度以上遠いところでは、近いところよりも速くなっていることでした。仮に岩石の種類がほぼ一様であるとすると、地震波が伝わる速さも一定のはずですから、ある距離より遠くに行くと速くなるという結果は奇妙です。この結果は、何を示しているのでしょう

ウェーゲナーと同時代に、地震波で地球内部を調べ始めていた。

1909年	地震波の観測でモホ面の発見
1910年	ウェーゲナーが大陸移動説を着想
1915年	ウェーゲナーが『大陸と海洋の起源』の初版刊行
1926年	グーテンベルク不連続面の発見
1928年	マントル対流説（ホームズ）
1929年	過去の地磁気逆転の発見（松山基範）
1930年	ウェーゲナーが亡くなる
1930年代	大陸移動説をめぐる議論が人気を失う

2章　海洋底拡大説からプレートテクトニクスへ

か？

　地下深くに地震波の伝わる速さが速い岩石層がある——モホロビチッチはそう考えました。震源近くでは浅い岩石層を通って地震波がそのまま到達しますが、震源から遠くの場合は、経路は遠回りでも、地下深くの「地震波が速く伝わる岩石層」を経由した地震波が早く到達します（図2-1）。自動車である程度遠くの目的地へ行く場合には、高速道路の入り口まで少し遠くても、高速道路に乗ったほうが早く到着できることと似ています。地下深くの岩石層が地震波の高速道路の役割をしているというわけです。

　モホロビチッチが発見した、地震波の速さが急に変わる境界は、**モホロビチッチ不連続面**、略して**モホ面**と言います。「不連続」という言葉は、徐々に連続して移り変わるのではなく、一気に別の速さに変わる境界があるという意味です。モホ面は、地殻とマントルの境界であり、ここを境に岩石の種類が異なることを暗に示しています。

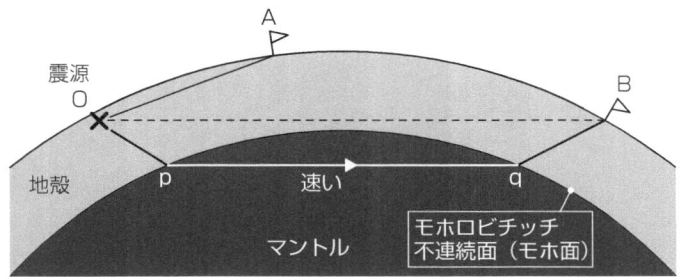

図2-1 モホロビチッチ不連続面（モホ面）　震源から近いときは地殻内だけを通って伝わる（O → A）。遠い地点へは地震波が速く伝わるモホ面下のマントル内を通るので（O → p → q → B）、地震波の速度が速く観測される。

地球の内部構造──**地震波のS波が伝わるマントルは固体**

その後、さらに地球規模で地震波の伝わり方が調べられ、ドイツ生まれで後にアメリカへ渡った地震学者ベノー・グーテンベルク（1889-1960）によって、1926年、マントルの下限にあたる**グーテンベルク不連続面**が明らかにされました。次に述べることからわかるのですが、この不連続面はマントルと核の境界面です。

地球内部を伝わる地震波には2種類あり、1つは進行方向と同じ向きの振動が伝わる縦波のP波、もう1つは進行方向に直角の向きの振動が伝わる横波のS波です（図2-2）。モホロビチッチが調べたのは、P波でした。P波は、図を見てわかるように物質の密度の高い部分が伝わっていく波（疎密波）

		P波（primary wave）	S波（secondary wave）
波の種類		縦波（疎密波）	横波
振動の方向		進行方向と同じ方向	進行方向に直角
伝わり方のモデル図		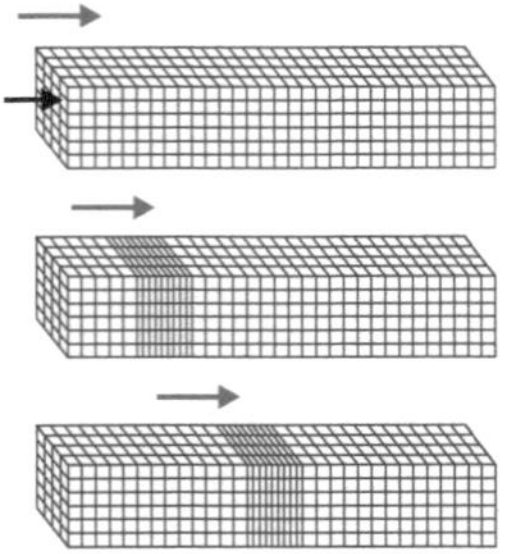	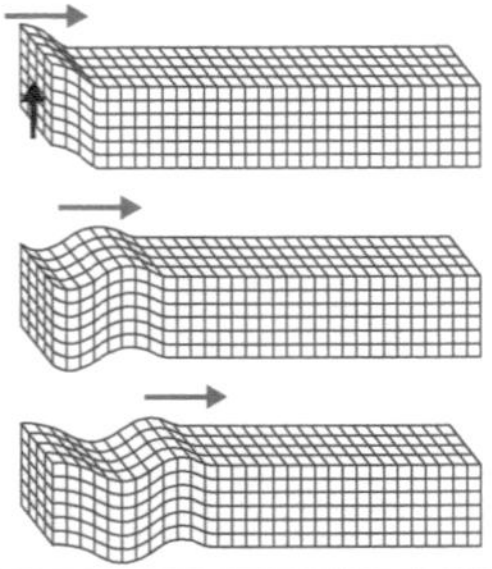
波を伝える物質	固体	伝わる	伝わる
	液体	伝わる	伝わらない
速さ	地殻	6〜7 km/s	3〜3.5 km/s
	マントル	8〜14 km/s	4〜7 km/s

図2-2 地震波のP波とS波の特徴

2章　海洋底拡大説からプレートテクトニクスへ

と言うこともでき、固体・液体にかかわらず伝わります。

これに対してS波は、固体の中しか伝わりません。固体ではとなり合う分子が結びついているので、ある分子が横へずれれば、そのとなりの分子も引っぱられて横へずれ、その動きが次々と遠くへ伝わり、進行する波となります。液体のように分子が自由に動き回ることのできる状態では、横へずれるS波の動きはとなりの分子へと伝わっていかないのです。

グーテンベルク不連続面では、P波の速さが変化しますが、S波の伝わり方にもっとはっきりした特徴があります。それ

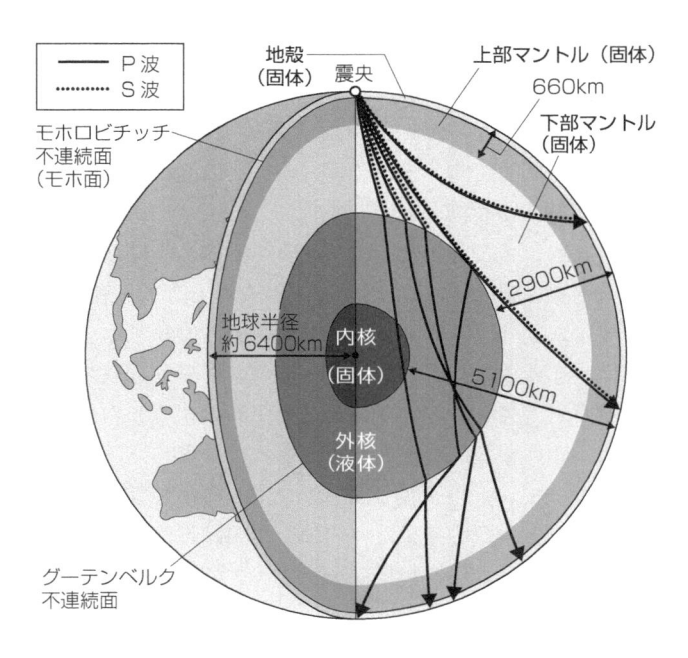

図 2-3　地球内部の構造　S波は、固体のマントルは伝わるが、液体の外核は伝わらない。地殻の厚さは強調して描いてある。

は、図2-3の点線のように、S波はマントルを伝わりますが、その内側にある核（外核）を伝わらず、地球の裏側に到達しないということです。このことから、マントルは固体、外核は液体であることがはっきりしました。

さらに詳しい研究が進み、核は固体の内核と液体の外核に分かれていることがわかりました。地球の構造は、おおよそ図2-3のように、外側から地殻（固体）、マントル（固体）、外核（液体）、内核（固体）となっています。近年では、マントルは、上部マントルと下部マントルで岩石が異なると考えられています。

図には不連続面で地震波が屈折するようすも描かれていますが、これは、地震波の速さが異なることによります。光が速く伝わる空気中から遅く伝わるガラス中へと進むときに、屈折するのと同じです。また、速さが徐々に変わるところでは、地震波は曲線を描いて進みます。

さて、これだけではまだ、マントルや外核、内核が何の物質からできているかまではわかりません。しかし18世紀末にはすでにニュートン力学を用いて地球の密度が求められていました。また、太陽系の創成期に地球の材料となった物質の生き残りと考えられているある種の隕石の組成から、地球をつくる物質の平均的な組成も推測されていました。これらを総合して、マントルや核が何でできているかもほぼ明らかになったのです。その結果は、内核と外核は鉄が主な成分であり、マントルは地殻と同様に岩石でできているということです。

2 大陸移動説の復活

岩石の残留磁気と地磁気

　ウェーゲナーの没後、大陸移動説をめぐる議論は一時的に人気を失っていましたが、第二次世界大戦後に状況が変わりました。いろいろな分野で地球科学の進展があったからです。その最大の１つは、古地磁気学とよばれる領域の研究の進展でした。

　地磁気とは地球のもつ磁気のことで、地球の自転軸に沿って棒磁石が置かれているかのように見立てられます。方位磁針のＮ極がほぼ北を向くのは、地球の内部の磁石のＳ極が北側にあるためです。

　一方で自然界には、微小な天然の「方位磁針」が無数に存在しています。その代表的なものは、岩石に含まれる鉱物

1930年代	大陸移動説をめぐる議論が人気を失う
1940年代	「熱残留磁気」が明らかにされる
1950年代	海洋底の残留磁気の調査
	人工地震法による海洋底の地形調査
	古地磁気学の発展
1957年	大陸移動を示唆する磁極移動経路のずれの発見
	（ブラケットとランコーン）
	→ 大陸移動説が復活
1962年	海洋底拡大説（ハリー・Ｈ・ヘス）
1963年	テープレコーダーモデル（バイン、マシューズ）
1968年〜	アメリカの深海底掘削計画
1980年代	放散虫などの微化石による年代決定法
1990年代	GPSなどによる大陸移動の実測

いろいろな発展があって大陸移動説が復活した。

の一種、磁鉄鉱です。これは酸化した鉄であり、化学式はFe_3O_4です。子どものころ、磁石を使って砂から砂鉄を集めた経験はたいていの人にあると思います。砂鉄は、岩石が風化によってばらばらになったとき、含まれていた磁鉄鉱が粒として残ったものです。

磁鉄鉱は磁石に引き付けられるだけでなく、それ自身が磁石になる物質であり、英語名をマグネタイト（Magnetite）と言います。天然磁石の代表のような物質です。

磁石につく物質である鉄と、磁石そのものは別物と思っている人もいますが、そもそも鉄原子は磁性をもち、微小な磁石です。普通の鉄の釘も、含まれる鉄原子の一つ一つは微小な磁石ですが、それらの向きがばらばらであるため、全体としては磁気を帯びていません。ところが、近づけた別の磁石の磁界によって微小磁石の向きがそろうと、釘全体が磁石になり、近づけた磁石とも引き合うわけです。磁鉄鉱の結晶もこれと同じで、含まれる鉄原子という微小磁石によって磁気を帯びます。

高温のマグマから磁鉄鉱ができたばかりのとき、熱運動で原子が乱雑に運動しているため、微小磁石の向きはばらばらで、全体としては磁石の性質を示しません（図2-4(a)）。しかし、約575℃まで冷えて熱運動が落ち着くと、微小磁石の向きがそろって磁石の性質を示し得るようになります。この温度を「キュリー温度」と言います。

岩石がキュリー温度まで冷えて磁鉄鉱が磁石の性質を示し得るようになるとき、地球を探究する手がかりとなるすばらしい贈り物が残ります。周囲の地磁気の影響を受けて微小磁石の向きがそろい、固まって固定されるのです（図2-4(b)）。

❷章　海洋底拡大説からプレートテクトニクスへ

これを**残留磁気**と言い、岩石の残留磁気を調べるのが古地磁気学です。磁鉄鉱は自然界に存在する天然の方位磁針であり、しかも過去の地磁気の向きを記録する方位磁針なのです。

では、地球のもつ地磁気はどのようにしてできるのでしょうか？　地球の深部はキュリー温度より高いので、磁鉄鉱のような磁石は存在しません。地磁気は、それとはまったく異なるしくみで、マントルよりももっと地球の中心部分、高温で液体状態の鉄でできた、外核で生じています。電気伝導体である鉄が液体状態で渦を巻きながら熱対流し、かつ地球の自転とともに回転しているために生じる電流が地磁気を生じさせると考えられ、この大変複雑なしくみを「地球ダイナモ」と言います。

地球ダイナモによって生じる磁気は、地球の自転運動とも密接に関連しているため、1つずつ生じるN極とS極の位置は、どちらも北極点と南極点の近くになります。現在のS極の位置を見ると、北極点の近くで少しずつ動いており、緯度にして10度くらい極点からずれた位置ですが、これが赤道近くにいってしまうことはないと考えられます。

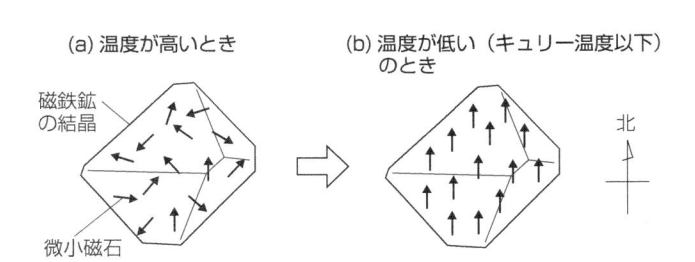

図 2-4　残留磁気のしくみ　キュリー温度以下になると、微小磁石の向きがそろって固定される。

過去の磁極の移動を説明する解

岩石に残された残留磁気を調べると、岩石ができた当時の磁極の方向を知ることができ、そこから磁極の位置が推定できます。残留磁気によってわかるのは磁極の方向だけのように思うかもしれませんが、方位磁針を使ったときを思い出してください。磁針は北の方位を向くだけでなく、N極が少し斜め下を向きませんでしたか？ この上下方向の角度を「伏角」と言い、磁極に近づくほど伏角が大きくなります（図2-5）。北極まで行けば、方位磁針のN極は真下の方向に引かれることになることは、想像できるでしょう。残留磁気の方位角と伏角を調べれば、地図上に磁極の位置を推測して記すことができます。

ウェーゲナー没から二十数年後の1950年代、ヨーロッパと北アメリカ大陸でそれぞれ、過去の磁極移動の経路が研究

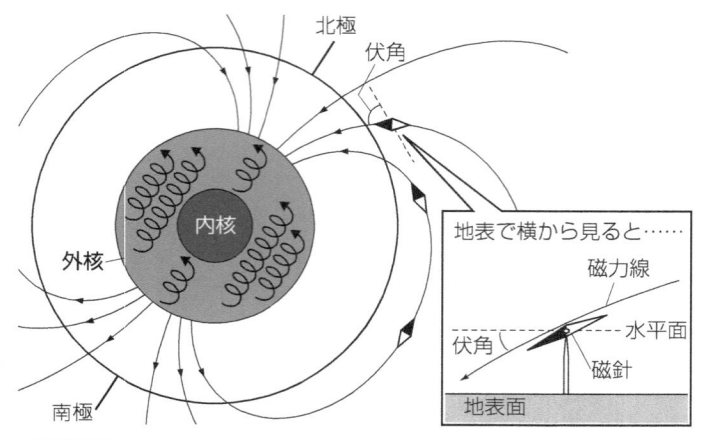

図 2-5　伏角　極に近いほど伏角は大きくなる。

され、5億年前からの北の磁極の位置変化が地図上に記されていきました。

岩石のできた年代の決定には、確立しつつあった**放射年代測定法**も使われました。これは、岩石に含まれる微量な放射性物質が時間的に一定の割合で自然に崩壊し、別の元素に変化していくことを手がかりにして、岩石ができてからの年数を割り出す手法です。

放射年代測定法は、1906年に物理学者ラザフォードがウランを利用して岩石の年齢を測定したのが始まりで、その後しだいに発展しました。イギリスの科学者アーサー・ホームズ（1890-1965）らによって精力的に行われた放射年代測定は、1937年にやっと現代のものに近い数字が記された地質年代表としてまとめ上げられました。そしてその後、より正確になるよう改訂されていきました。ホームズは、5章で解説するマントル対流説の提唱者でもあります。

地球科学は、それまで地球史の時間を計る明確な時計をもっていませんでした。化石として産出する生物の進化に基づき、古生代、中生代、新生代といった時代区分はありましたが、それが何億年前かはわかっていなかったのです。19世紀に考えられていた地球の年齢は、約2000万年と実際の230分の1の短さです。

1章では、ウェーゲナーが大陸の移動速度を年間30mという、実際よりも桁違いに大きい数値に見積もっていたことにふれました。それは、中生代という時代を実際よりも若く見積もっていたことが一因です。彼の時代は、すでに放射年代測定が行われてはいたもののまだ正確ではなく、現代得られている数字の半分から4分の1の大きさでした。

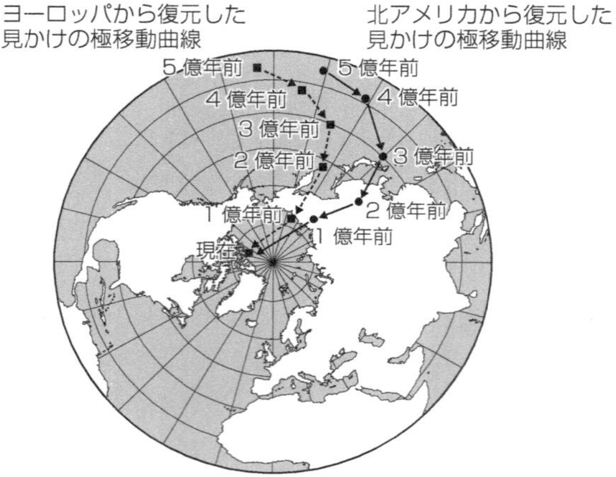

図 2-6 ヨーロッパと北アメリカで調べられた極移動の曲線
大陸を移動させると2つの曲線は一致する。
（『地質学の自然観』、〈ランカーン，アーヴィン，1959〉を改変）

また、放射年代測定法のほかにも、「放散虫」とよばれる0.2mmほどの小さなプランクトンの化石も新たな時計となりました。これについては6章でまたふれることにします。

さて、話を磁極の移動に戻しましょう。図2-6は、ヨーロッパの岩石の残留磁気が示す北の磁極の位置変化と、北アメリカの岩石の残留磁気が示す北の磁極の位置変化です。これを見てまず気がつくのは、過去に行くほど磁極の位置が現在の位置からずれていることです。地磁気を生じさせる原因が地球ダイナモであるとすると、磁極の位置は地軸に近い場所になるはずなのに、これはどういうわけでしょうか？ また、次に気がつくのは、2億〜5億年前の磁極の位置は両者で一致していないものの、移動経路の形がそっくりであること

す。これら2つの事実を同時に説明する解は何か？——それは大陸移動説しかありませんでした。

　ヨーロッパや北アメリカと極点との位置関係はどちらも変化しており、かつて極から離れた低緯度にあった大陸が高緯度に移動してきたと考えられます。また、2億年より前の磁極移動経路の形が一致していることは、そのころ（中生代の初め）までヨーロッパと北アメリカが一体となって動いていた、つまり1つの大陸であったと考えると説明できます。その後2億年前から現在にかけて分裂するように移動したことになりますが、超大陸パンゲアが分裂したのはまさにこの時期です。2つの経路を、大陸が移動した分だけ動かすと、ぴったり一致するのです。こうして、大陸移動説は見直され、復活することとなりました。

3　海洋底拡大説の登場

海洋底の謎

　1章では、ウェーゲナーが大陸移動説を唱えた当時、まだ海洋底に対する知見が整っていなかったと述べました。ただし、産業革命から半世紀経った19世紀中ごろ、大西洋を横断する海底電信ケーブルを設置する過程で、海底の高まりとして海嶺が発見されてはいました。彼は、これを超大陸が分裂したときに取り残された陸の残骸と考えていましたが、もちろんそうではありません。

　第一次世界大戦の時期になると、ドイツの潜水艦「Uボート」対策のため、水中に伝わる音波を使った音響測深技術（ソナー）が発達しました。さらに、ウェーゲナー没後の第二次

世界大戦から東西冷戦時にかけては、この音響測深技術を使って海底地形が詳細に調べられ、海底に延々と続く大山脈としての海嶺の姿が初めて明らかにされました。また海嶺では、地球内部から伝わってくる熱が多いという事実も調べられました。

音響測深技術によって海底を調べる方法は、地震波によって地中を調べることとよく似ています。地震波も音波も物質中を伝わる波であり、地震波の縦波（疎密波）であるP波と固体中を伝わる音波は同じです。海面で爆薬を爆発させたり圧縮空気を破裂させるなどして、水中で音波を発生させると、海底で反射して海上にもどってきます。その反射波を調べると、海底までの距離がわかり、地形を調べることができます。

実はこのとき、音波は海底で反射するだけでなく、一部は海底を突き抜けて、地震波のP波のように地中へ伝わります。海底には、陸地からの土砂に由来する堆積物や、大量の海洋性プランクトン（硬い殻をもつもの）の死骸からなる堆積物などがたまっています。この比較的やわらかい堆積物の層の下に硬い岩石層があるので、その境界のところで波が反射してもどり、海底を経て海上にもどってきます。これを調べると海底の堆積物の厚さがわかります。その厚さは、地球の歴史の長さから予想されるよりもずっと薄いことがわかりました。

地球について深く考え始めるきっかけとしてよく提示される問いに「山はなぜ高いのか？」というものがあります。降雨と流水による浸食にさらされ続けているのに、なぜ低くならないのかということです。これと同様に、堆積物の厚さが

予想より薄いことは、「海はなぜ深いのか？」という問いとして提示することもできます。堆積物がたまり続けているのに、なぜ埋まって浅くならないのかということです。

海洋底の堆積物について、さらにわかったのは、海嶺近くではきわめて少ない堆積物しかなく、離れるほど堆積物が厚く積もっているという不思議な事実でした。この新事実に対する説明が必要とされていたのです。

海洋底がつくられて更新されている

大陸移動説が復活した中、これらの謎を解くための指針となるアイデアが登場します。これは、アメリカのハリー・H・ヘス（1906-1969）による論文「海洋底の歴史」（1962年）によって最初に提唱され、その後ロバート・S・ディーツ（1914-1995）などによって修正されてできた「海洋底拡大説」（図2-7）です。それは、次のような内容でした。

＊海嶺では、地下のマントル物質が湧き上がってきてできたマグマから、新しい海洋底の岩石が生成される。できた岩

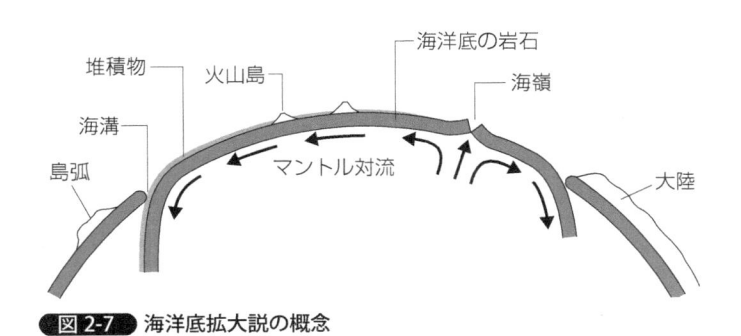

図 2-7 海洋底拡大説の概念

石は温度が高いため密度が小さく、そのためアイソスタ
　　シーによって浮き上がり、海底山脈（海嶺）の高まりをつ
　　くる。
＊海洋底は、海嶺から離れるように移動する。そして、海溝
　　から地球内部に沈み込んでいく。
＊海洋底がベルトコンベアのように堆積物を乗せて海嶺から
　　離れる方向に運び去る結果、堆積物は海嶺近くでは薄く、
　　そこから離れるほど厚くなる。そして最後は、堆積物は海
　　洋底とともに海溝に沈み込む。

　このように、海洋底拡大説は、海嶺の成因、海洋底堆積物の謎などに対して一挙に解答を示す仮説でした。「海はなぜ深いのか？」という問いに対しては、すでにウェーゲナーがアイソスタシーを使って岩石の密度の違いから１つの答えを提示していましたが、もう１つの答えとして、「海洋底がスライドして堆積物を海溝へと除去し続けているため」とも言えるわけですね。

海洋底の磁気の縞模様と岩石の年代
　海洋底拡大説という仮説に対して、それを実証する事実がその後提示されていきます。自衛隊関係のニュースの中で、「対潜哨戒機」という名称を聞いたことはありませんか？この軍用航空機には、海面に投下して海中の物体を音波で探知するソナーのほか、「磁気探知機」が搭載されており、海中の巨大な金属（磁性体）のかたまりとしての潜水艦を探知する能力があります。この技術は、第二次世界大戦の最中に確立されたようです。東西冷戦の時代に移り、この技術を

2章 海洋底拡大説からプレートテクトニクスへ

使って、広大な海域で海洋底の岩石の磁気調査が行われました。アメリカが中心になったのですが、潜水艦探知の基礎資料になるという背景があったとも言われます。その方法は、航空機や艦船に高感度の磁気探知機を乗せて運航し、海域をスキャンするというものです。

図2-8は、アイスランド近くの海嶺付近を調べた結果です。点線で示した海洋底の海嶺に沿って、対称に分布するバーコードのような縞模様が見られます。この縞模様は、海洋底岩石のもつ残留磁気の向きの違いを示していると考えられます。縞模様の黒い部分は残留磁気が現在の南北と一致しているが、白い部分は残留磁気が現在の南北と逆向きになっている——というふうにです。

地球の磁極は、基本的に北極や南極の近くにあることは、すでにふれました。ただし1つふれていなかったことがあります。それは、地球の磁極のS極とN極が、数十万～数百万

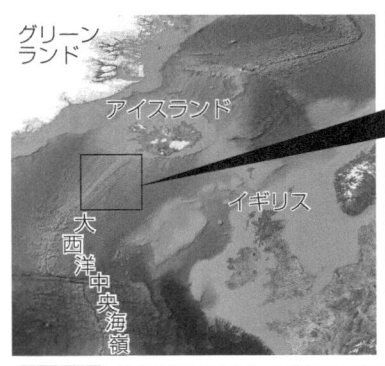

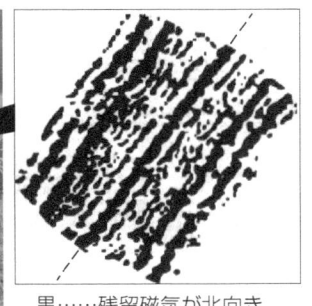

黒……残留磁気が北向き
白……残留磁気が南向き

図 2-8 海洋底岩石のもつ磁気の分布 縞模様になるのは、海洋地殻の残留磁気の向きが正反対になっているため。

(画像:NASA／右図:〈Heirzlar ほか、1966〉を改変)

45

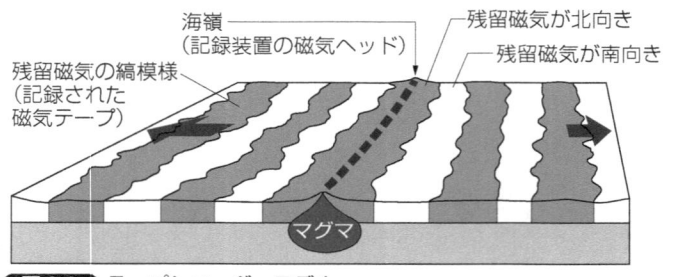

図 2-9 テープレコーダーモデル

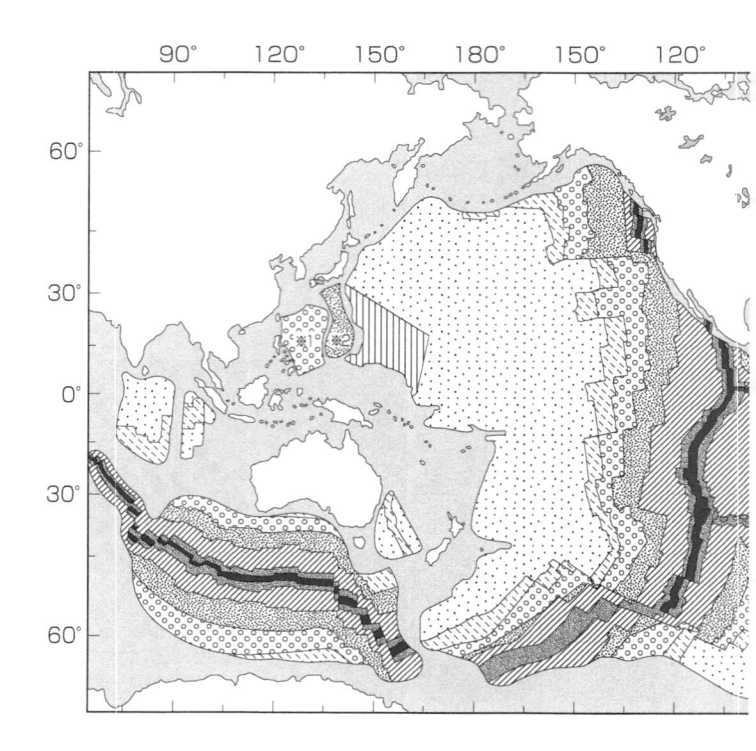

図 2-10 海洋底の年齢　模様のない部分は未定

②章 海洋底拡大説からプレートテクトニクスへ

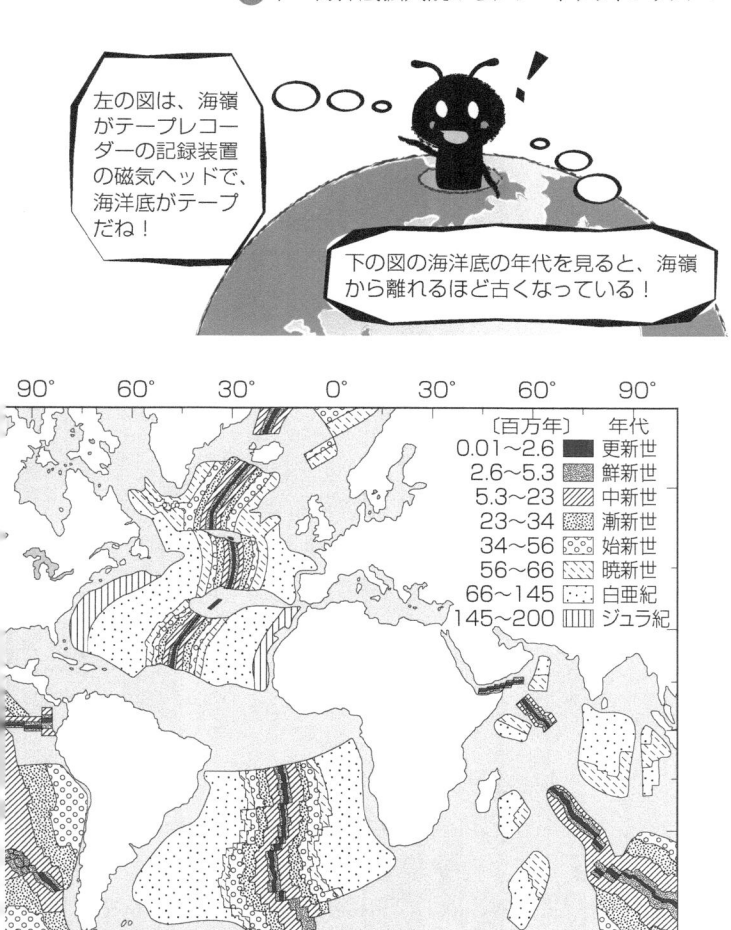

左の図は、海嶺がテープレコーダーの記録装置の磁気ヘッドで、海洋底がテープだね！

下の図の海洋底の年代を見ると、海嶺から離れるほど古くなっている！

〔百万年〕　年代
0.01〜2.6　更新世
2.6〜5.3　鮮新世
5.3〜23　中新世
23〜34　漸新世
34〜56　始新世
56〜66　暁新世
66〜145　白亜紀
145〜200　ジュラ紀

〈Pitman, Larson & Herron, 1974〉を改変。※1、※2の部分は〈NOAA, 1996〉、年代の数字は理科年表（平成25年版）による。

年周期で突然反転することです。つまり、方位磁針のN極は現在北を指しますが、過去のあるとき突然南を指すように変わり、それがしばらく続いて、また逆転するということが繰り返されてきたのです。兵庫県の玄武洞や東アジア各地の岩石の残留磁気を測定し、地球磁場の反転説を世界で初めて唱えたのは、日本の地球物理学者・古地磁気学者の松山基範（1884-1958）であり、1929年のことでした。地磁気が逆転するのは、外核で液体鉄の渦巻く向きが突然反転するためと考えられていますが、まだ解明されていない地球の謎の1つです。

　海洋底の磁気縞模様が発見されたころ、陸地の岩石をもとにした古地磁気学の研究では、地磁気の逆転史年表がつくられていました。中生代のジュラ紀以降、地磁気は70回以上逆転しました。海洋底の磁気縞模様が、この地磁気の逆転史と何か関係がありそうなことは想像がつきます。しかしなぜ左右対称の縞模様になるのか？——この問いに対して答えを提示したのは、イギリスのバインとマシューズで、1963年のことでした。

　彼らは、ヘスの海洋底拡大説をもとにして、海嶺でマグマから岩石ができるとき、岩石の残留磁気が方位磁針のように磁極の向きを示して、それが固定されて記録されていると考えました。残留磁気のN極の向きは、北を向く時期と南を向く時期が交互に繰り返され、海嶺と平行な縞模様として残ります。海洋底の岩石が海嶺で一定の速さで生産されていると仮定すると、海洋底の縞模様の幅の変化は、地磁気の逆転史年表の示すリズム——N極の北向きが数十万年続いた後に南向きが数十万年続くというような周期の変化——と一致す

るはずであると考え、実際に示してみせたのです。岩石が地磁気を記録していくしくみは、かつて使われていたテープレコーダーや、コンピュータの磁気ディスクに情報が記録されるしくみとそっくりなので、「テープレコーダーモデル」とよばれています（図2-9）。

　1968年から始まったアメリカの深海底掘削計画では、海底をつくる岩石の放射年代測定が行われました。海洋底の岩石の年齢は、海嶺ではまだできたばかりで新しく、海嶺から遠ざかるにつれて古くなっています（図2-10）。こうして海洋底拡大説は、海洋底の年齢の測定によっても実証されました。海洋底の岩石は、海溝に沈み込む直前の一番古い岩石でも2億年ほどであり、地球の年齢46億年に比べてはるかに若いのです。

4　プレートテクトニクスの構築

プレートテクトニクスの主な要素

　海嶺で生産されて水平方向に動く海洋底は、プレートの概念に発展し、**プレートテクトニクス**とよばれる理論として、いろいろな科学者らがほぼ同時に提唱し始めました。プレートテクトニクスは、主に次の要素で成り立っています。

＊地球表層は、厚さ100kmほどの硬い岩石層とその下のやわらかい岩石層に分けて考えることができる。

＊表面の硬い岩石層は、水平方向の広がりを見ると、パズルのピースのように十数枚に分かれており、その一つ一つをプレートと言う。

＊プレートは水平方向に運動している（これによって大陸は

移動する)。

*となり合うプレートどうしの境界では、地震や火山、造山運動などさまざまな現象が起こり、地球上の変動はそこに集中している。

硬い岩石層は「リソスフェア」、やわらかい岩石層は「アセノスフェア」とよびますが、それについては3章で岩石のやわらかさを考える中で、改めて解説します。

また、プレートとプレートの境界に着目すると、次の3つの種類があります(図2-11)。

(a) **発散境界** プレートどうしが離れていく境界です。海嶺ができます。図では ══════ の記号で表します。

(b) **収束境界** プレートどうしが近づく境界です。海洋プレートが別のプレートの下に潜り込むところは、**沈み込み帯**と

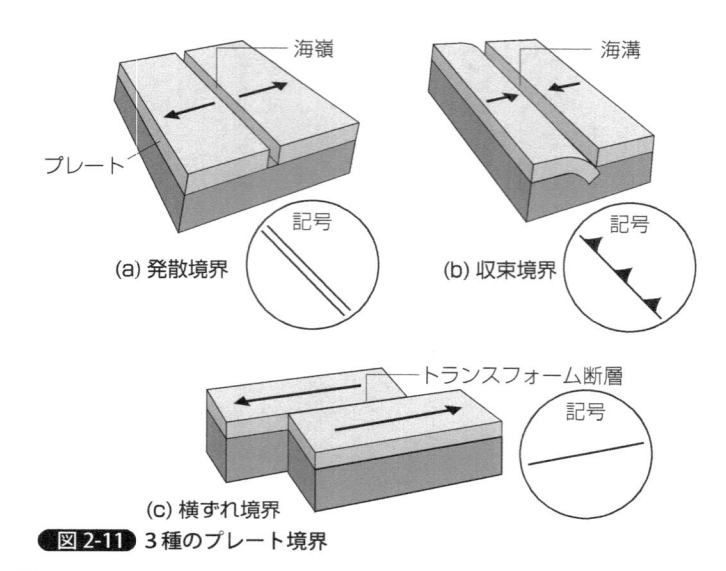

図 2-11 3種のプレート境界

2章 海洋底拡大説からプレートテクトニクスへ

よばれ、海底に海溝とよばれる溝状の地形ができます。プレート上に陸がある場合は陸どうしの衝突で地殻が盛り上がって山脈ができ、**衝突帯**とよばれます。図では▲▲▲の記号で表され、三角形の指す向きが、プレートが沈み込む向きを表しています。

(c)**横ずれ境界** プレートどうしが水平にすれ違う境界で、トランスフォーム断層ともよばれます。図では ——— の記号で表されます。

図2-12は、これらの記号を使って表した世界のプレート分布図です。発散境界の海嶺は、大西洋の中央に走る大西洋中央海嶺、インド洋に走る東南インド洋海嶺、太平洋と南極の間に走る太平洋-南極海嶺、太平洋の東に走る東太平洋海嶺などがあります。記号が ═══ だけでなく ┌─┘ のようになっているのが気になるかもしれませんが、その意味については4章で説明します。

収束境界の海溝は、主に太平洋の周囲やインド洋に分布しています。日本列島付近にも、千島海溝、日本海溝、南海トラフ、琉球海溝、伊豆・小笠原海溝などがあります。

収束境界のうち衝突帯となっているのは、主にヒマラヤ山脈から地中海にのびる線で、ユーラシア大陸に向かって、インド・オーストラリアプレート、アラビアプレート、アフリカプレートが衝突しています。

また、横ずれする境界であるトランスフォーム断層も世界のあちこちに見られます。

これらのプレート境界は、地震が頻発する場所と一致しています。世界の地震の震源分布図を図2-13に示しました。プレートの分布図と見比べると、地震が多発する地帯は、プ

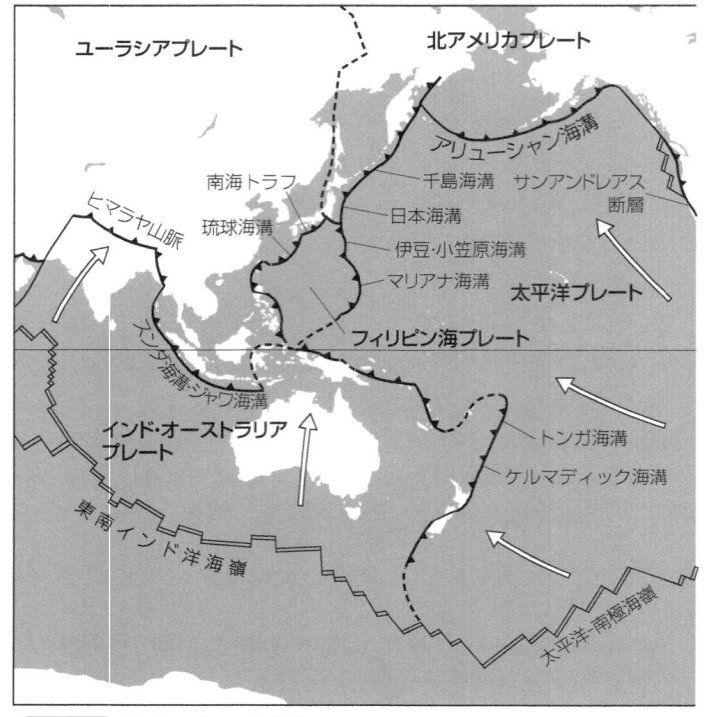

図 2-12 世界のプレート分布

②章　海洋底拡大説からプレートテクトニクスへ

この図には12枚のプレートの名前が書かれている。このほかに、もっと小さなプレート（マイクロプレート）もある。

北アメリカプレート
アイスランド
ユーラシアプレート
ウラル山脈
アルプス山脈
ロッキー山脈
ココスプレート
カリブプレート
アラビアプレート
大西洋中央海嶺
中米海溝
アフリカプレート
南アメリカプレート
東太平洋海嶺
ナスカプレート
ペルー・チリ海溝
アンデス山脈
チリ海嶺
南極-インド洋海嶺
南サンドウィッチ海溝
南極プレート

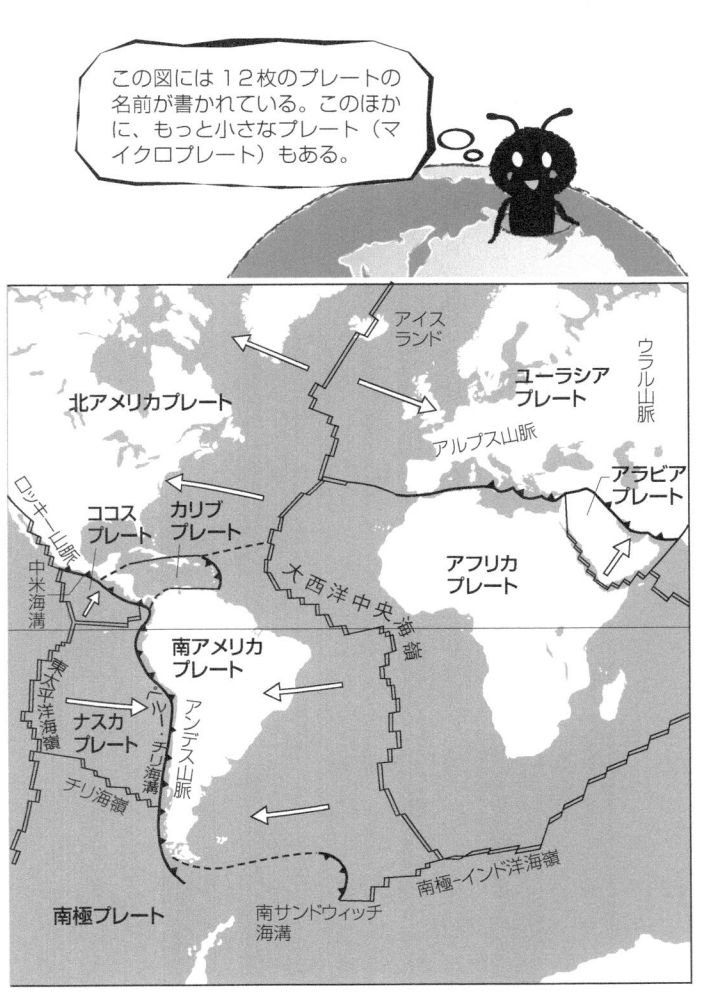

（『図説 地球科学』、USGS資料を改変）

53

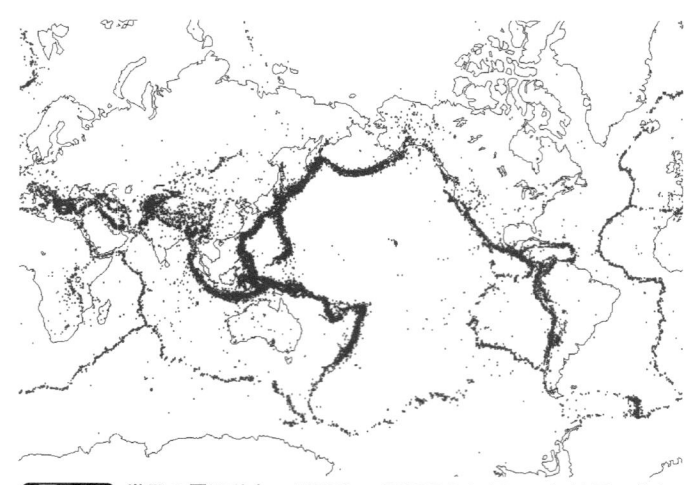

図2-13 世界の震源分布　1990〜2000年に起こった地震の分布。
(出典：気象庁資料)

レート境界とほぼ一致していることがわかります。逆に言うと、線状に連なる地震の頻発地帯が、プレートの境界として定義されるということでもあります。このため、新たに地震の活動が活発になる地帯が現れると、プレート境界の見直しを含めた議論となる可能性が今後もあります。

プレートテクトニクスと大陸移動

　プレートテクトニクス構築には多くの人がかかわりましたが、最大の立役者は、カナダの科学者ツゾー・ウィルソン（1908-1993）であったと言われます。ウィルソンは、プレートテクトニクスの骨組みをつくった1人であり、また、さまざまなアイデアを示して理論を肉づけしました。地球表層部に「プレート」という名前をつけたのも彼です。

❷章　海洋底拡大説からプレートテクトニクスへ

　海洋底の拡大と大陸移動の歴史的サイクルについての説を提示したのも、ウィルソンの功績の1つで、**ウィルソンサイクル**とよばれています。図2-14を見てください。超大陸が分裂を始めると、その間にマントル物質が湧き上がって海嶺ができ、新たな海洋底がつくられて広がっていきます。海洋底の水平方向の運動といっしょに、大陸も移動していきます。

　図2-12の世界のプレート分布図では、大西洋は中央に海嶺があり、その両端にユーラシア大陸およびアフリカ大陸と、南北アメリカ大陸があります。この配置は、ウィルソンサイクルの①〜③の過程が進行した結果と言えます。

　現在、大西洋は広がっていっているわけですが、地球表面の面積は限られています。大西洋が広がった分、どこかで面積の縮小が進行しているはずです。ウィルソンサイクルはこのことも視野に入れています。④のように海洋底の端が海溝から沈み込みを始めると、その海洋底はしだいに狭くなっていく過程に入ります。現在の地球では、大西洋の裏側の太平洋がそれにあたります。太平洋では、海洋底が海嶺で生産されて拡大する速さよりも、海溝から沈み込んでいく速さのほうが大きく、結果として狭くなっているのです。いずれ、海洋底はすべて海溝から沈み込み、太平洋は閉じてアメリカ大陸とユーラシア大陸は衝突し、新たな超大陸となる可能性があると考えられています。

　ウェーゲナーが考えたパンゲア超大陸も、もっと過去の別の超大陸が分裂し、別の場所で再び衝突してできたものです。地球史上、超大陸の分裂、新たな海洋底の誕生、大陸の衝突と超大陸の形成、そして再び超大陸の分裂というサイクルが数回繰り返されたと考えられています。

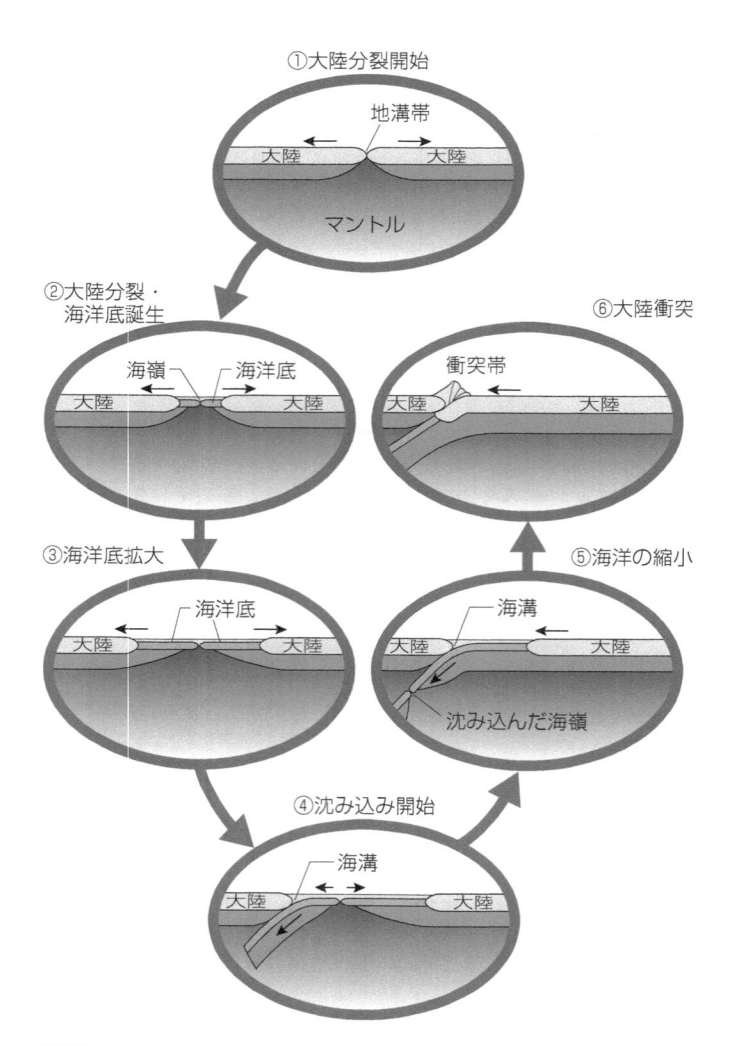

図 2-14 **ウィルソンサイクル** 超大陸の分裂、新たな海洋底の誕生、大陸の衝突と超大陸の形成、そして再び超大陸の分裂。

❷章　海洋底拡大説からプレートテクトニクスへ

プレートテクトニクス構築期の日本

　世界ではウィルソンらがプレートテクトニクスを構築していた1960年代、日本の学界は、その最先端の学説を受け入れることができずに取り残されていました。明治時代に始まった日本の地質学は、緻密に日本列島の地層や岩石を調査し、それを《地向斜》の理論に沿って組み立て、日本列島の歴史を描き出すまでになっていました。苦労して緻密に構築した体系であっただけに、捨てきれなかったという側面があったかもしれません。

　一方で日本には、地震学の方面から、プレートの存在を暗示していた独自の研究もありました。8章で改めて解説しますが、日本付近の地震の震源分布を水平方向の広がりと、深さの変化から同時に見たもので、日本列島の東の海溝から西に向かって震源が深くなっていくというものでした。後になってプレートテクトニクスが構築されたとき、その分布は海溝から沈み込む海洋プレートに沿ったものであると説明されました。この地震分布は、発見者の和達清夫（1902-1995）らにちなんで「和達-ベニオフ面」と言います。

　日本の学界の主流が新しい学説を受容できなかった時代は1970年代まで続きましたが、その間に、プレートテクトニクスの考えに沿って日本列島の形成史を検討し直す作業が、若い研究者を中心にゲリラ的に行われていました。本書著者の木村は、学生のときからそれを経験した一人です。日本でプレートテクトニクスが主流になるためには、それまで蓄積された地質調査結果とその解釈を覆す必要がありました。その過程で中心的な課題になったのは、日本列島がプレート運動にともなう「付加体」とよばれる地質で成り立っていると

いう証明でした。その証明は達成され、古い《地向斜》の理論に沿った解釈は覆されました。この「付加体」の話は、6章で改めて述べたいと思います。

　プレートテクトニクスが主流になってからの日本の地球科学研究は、緻密な調査に基づく日本の伝統的な地質学の長所も生かし、世界の地球科学を牽引する進歩を見せています。

3章 地球をつくる岩石のひみつ

マントルをつくるかんらん岩とオリビンの結晶構造

1　岩石とは何か

マントルや地殻をつくるケイ酸塩鉱物という物質

　岩石は非常に多様で、その種類を細かくあげるときりがないのですが、本書では、理解に必要な最小限の岩石を登場させることにします。中学校理科では、「火成岩は、小さな鉱物が多数集まってできている」ことを学んでいます（図3-1）。火成岩とはマグマが冷え固まってできる岩石です。一つ一つの鉱物は、ほぼ一様な物質であり、規則正しい形の結晶をつくります。結晶は、原子やイオンが規則正しく並ぶことによりできるものです。

　岩石をつくる鉱物（造岩鉱物）の多くは、酸素（O）、ケイ素（Si）、マグネシウム（Mg）、鉄（Fe）の4種類の原子が組み合わさった物質です。ほかにも含まれる元素（原子の種類）がたくさんありますが、ここでは話を簡単にするため、とりあえず無視してしまいましょう。

　酸素は、生物が生きるために必要な大気の成分で、大気中

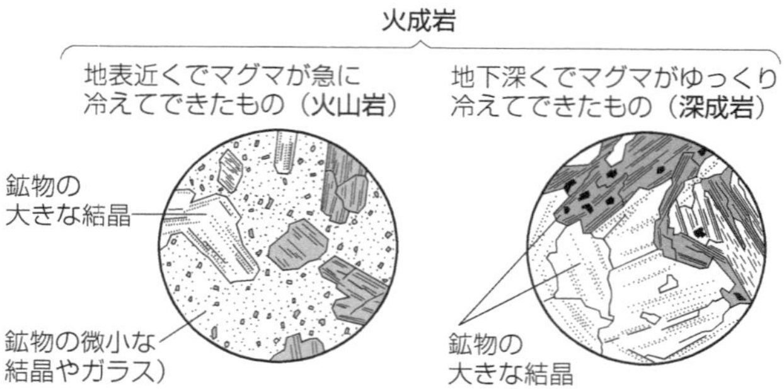

図 3-1　火成岩のつくり　鉱物の結晶が集まってできている。
（『発展コラム式 中学理科の教科書』を改変）

3章 地球をつくる岩石のひみつ

の21％を占めますが、地球の岩石圏をつくる元素としても非常にありふれています。「岩石圏」という言葉は耳慣れないかもしれませんが、地球を層構造として考えたとき、大気圏、水圏（海洋）に対して、地球の岩石部分を指す言葉です。生物のすむ層を指す言葉として、生物圏というのもあります。実は岩石中の鉱物には、地球に存在する酸素原子の大半が含まれています。

酸素に次いで多い元素は、ケイ素です。日常生活でケイ素といえば、半導体——条件によって電流を流したり流さなかったりする性質がある物質——の材料として耳にする言葉です。半導体のことをシリコンとも言いますが、ケイ素の英語名がシリコン（silicon）だからです。コンピュータの集積回路は、ケイ素の板に極微サイズのいろいろな仕掛けを施してつくられています。ですから、ケイ素は何か特殊な物質のように感じられますが、実は身のまわりの岩石にたくさん含まれているありふれた元素です。また、身近なガラスも主成分はケイ素ですが、その原料は岩石の一種です。生物圏では有機物の骨格となる炭素が主役ですが、岩石圏では鉱物の骨格となるケイ素が主役です。

ケイ素は、元素の周期表で見ると炭素と同じ列にあり、ほかの原子と結びつく「腕」の数が炭素と同じ4本です。4つの酸素原子と腕1本ずつで結びつき、図3-2のような堅固な構造をつくります。これを**SiO_4四面体**または単に四

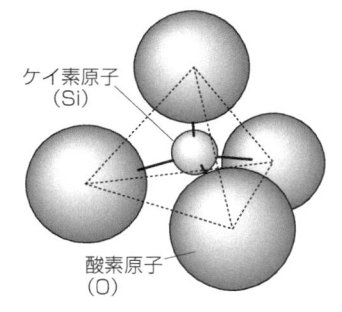

図3-2 SiO_4四面体

61

面体とよぶことにしましょう。この四面体は、普通に見られる岩石に無数に含まれていますが、半導体の材料となる純粋なケイ素をここから取り出すのは簡単ではありません。

さて、図を見て「酸素がほかの原子と結びつく腕の数は2本だから、数が合わないのでは？」と、思った人もいるかもしれません。中学校理科では、水分子（H_2O）をつくる酸素からは腕が2本出ており、H－O－H のようになっていることを学んでいるからです。

すると、1個のケイ素と4個の酸素が結びつくときは、酸素の腕が1本余った状態になりそうです。しかしこの場合、酸素は腕を余らせる代わりに、周囲の別の原子から電子1つをうばって取り入れることで安定します。すると四面体は、合計で4つの電子を余分にもつことになり、マイナス4の電気を帯びた陰イオンSiO_4^{4-}になります。

陰イオンである四面体どうしは、同じマイナスの電気を帯びているので、反発力がはたらきます。しかし、それらの間に、陽イオンが交互に規則正しく入ると、それぞれがプラスとマイナスの電気的な力で強く引き合って結びつき、頑丈な結晶をつくります。ここで言う陽イオンとは、金属原子が四面体に電子をうばわれてできた金属イオンです。こうしてできたSiO_4四面体と金属イオンの結晶からなる物質を**ケイ酸塩鉱物**と言います。

地球の多くの部分をつくる物質である岩石の主成分は、ケイ酸塩鉱物であると言っても過言ではありません。塩酸や硫酸といった物質名と違って、ケイ酸塩という名は、耳慣れなくて難しく感じるかもしれません。しかしここでは、四面体と金属イオンだけからできている物質と考えれば十分です。

3章 地球をつくる岩石のひみつ

義務教育の理科ではケイ酸塩は登場しませんが、地上にもっともありふれた物質である岩石がどのような物質かは、知っておいてもよさそうです。

さて、上部マントルをつくる岩石のケイ酸塩鉱物としてもっとも多いのは、**オリビン**（またはかんらん石）とよばれる鉱物です。図3-3は、オリビンの結晶の構造の一部を拡大したもので、四面体、マグネシウムイオンおよび鉄イオンが規則正しく並んで、電気的な力で結びついています。

オリビンの化学式は$(Mg, Fe)_2SiO_4$と表されますが、「(Mg, Fe)」の部分が見慣れない書き方だと思います。これは、「マグネシウム（Mg）と鉄（Fe）のどちらでもかまわない」という意味です。つまり、結晶の中で、陽イオンがあるべき位置には、マグネシウムイオン（Mg^{2+}）と鉄イオン（Fe^{2+}）のどちらが入ることも可能です。マグネシウムイオンと鉄イオンは大きさがほぼ同じで、さらに、同じプラス2の電気を帯び

オリビン
マグネシウムイオン
SiO_4四面体
鉄イオン
化学式は$(Mg, Fe)_2SiO_4$

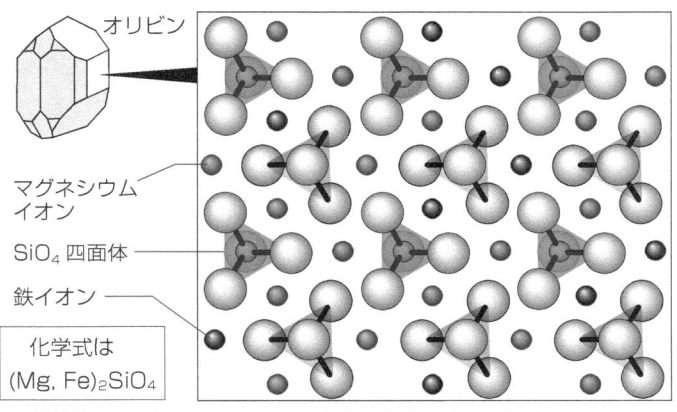

図 3-3 マントルの岩石に多く含まれるオリビンの構造

図 3-4 かんらん岩 上部マントルの岩石で、オリビンの結晶を多く含む。

ています。これによって、どちらのイオンも同じ構造の結晶の一部となり得るのです。比較的マグネシウムの多いオリビンと、比較的鉄の多いオリビンが存在し、仮にどちらかが100％になれば、化学式はMg_2SiO_4またはFe_2SiO_4となります。

　マグネシウムの多いオリビンの大きな結晶は、黄緑色からオリーブ色の美しい発色のある宝石「ペリドット」として、古くから装飾品に使われています。オリビンは英語でolivineと書き、オリーブ（olive）が語源です。光の屈折率が大きく、明るい色に輝きます。マントル上部を代表するかんらん岩（図3-4）という岩石は、マグネシウムの多いオリビンが主要な鉱物です。ですから、地球の深部に興味をもつ人にとっては、「ペリドット」つまりオリビンは、特別な意味をもつ宝石と言えそうですね。

　付け加えておくと、ケイ酸塩鉱物の中には、オリビンとはイオンの並び方が異なるものがあったり、複数の四面体が酸素のところでつながり合っていたり、別の金属イオンを含むものがあったりと多様性があるため、ケイ酸塩鉱物は多様です。また鉱物には、2章で出てきた磁鉄鉱のような金属の酸化物などもあります。

2 岩石はどのように流動するのか

ゴムのような変形と粘土のような変形

　固体の岩石の流動性とは何なのか？——この疑問を次に解決しましょう。

　岩石は鉱物の集まりです。鉱物の結晶どうしは、別々に成長してきたため、境界面ではスムーズに結合しません。結晶中のイオンの並び方が一致しないからです。鉱物の境界にはわずかな隙間ができ、その隙間には微少量の「水」が充てんされています（図3-5左）。マグマや岩石に含まれる水は、後に解説する別の事柄でもたびたび重要になってきます。

　岩石に大きな力が加わったときを考えましょう。まず鉱物をつくるイオンどうしの間隔や位置関係がわずかに変化します。これは、バネやゴムの変形のようなものであり、**弾性変形**とよばれます。この状態から力を取り除くと、鉱物の形はもとにもどります。もちろん、硬い鉱物ですから、弾性変形はわずかなものですが、無視できるものでもありません。プレートの動きによる海溝での大地震は、曲げられたプレートの岩盤が、もとの形にもどろうとする弾性によって跳ね上

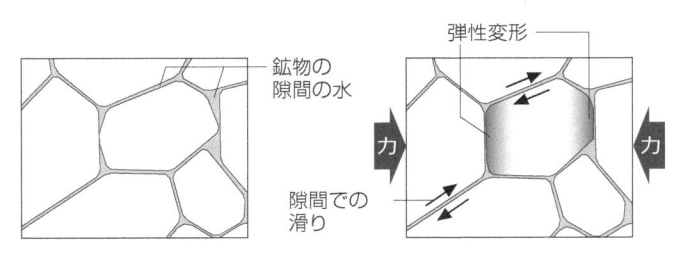

図 3-5 鉱物の弾性変形と隙間での滑り

ることによって起こるというものです（序章の図2）。

　弾性変形によってわずかに結晶の形が歪んだとき、同時に、結晶と結晶の隙間では結晶どうしの「滑り」も起こります（図3-5右）。弾性変形と滑りは、岩石全体を変形させるしくみの1つです。しかし、弾性変形がもとにもどれば、滑りによる結晶の位置変化ももとにもどってしまいますね。これでは、岩石の流動性にはいたりません。

　弾性変形に対して、粘土のように変形したままもとにもどらない変形もあり、**塑性変形**（粘性変形）と言います。硬いはずの鉱物が塑性変形するしくみについては、1980年代に日本の研究者によって研究され、解明されました。それは次のようなことです。

鉱物の結晶内の変形

　固体が変形するには、並ぶ原子の位置関係が変化する必要があります。規則正しく原子やイオンが並んだ結晶では、原子が欠陥なく配置されているわけですから、位置関係が入れ替わることが困難です。ところが、鉱物はもともと結晶構造に欠陥をもっており、それを利用して効率的に原子やイオンの入れ替わりが進行します。

　図3-6は、単純化のため、ケイ酸塩鉱物をつくる陰イオンと陽イオンを区別せず表した結晶のモデル図です。結晶の一部にイオンが抜け落ちた穴がありますが、このような欠陥は結晶内によく存在していることが知られています。

　イオンは熱運動によって多かれ少なかれその場で振動しているので、ときには欠陥（穴）のとなりにあるイオンが、欠陥の位置に移動することがあります。熱運動による位置の移

3章 地球をつくる岩石のひみつ

動は偶然起こるものなので、欠陥の上下左右どちら側からも移動してこられるのですが、結晶に力が加わっていると、それによる弾性変形が解消されるような移動が起こる確率が高くなります。そのような移動が繰り返された結果として、結晶全体が塑性変形していきます。このような変形は、**結晶内変形**とよばれます。このとき、圧縮しようとして力をはたらかせたので、実際に圧縮してしまえば、その力は解消されることをイメージしてください。

同じ結晶内の変形でも、欠陥を利用するのとは異なるしく

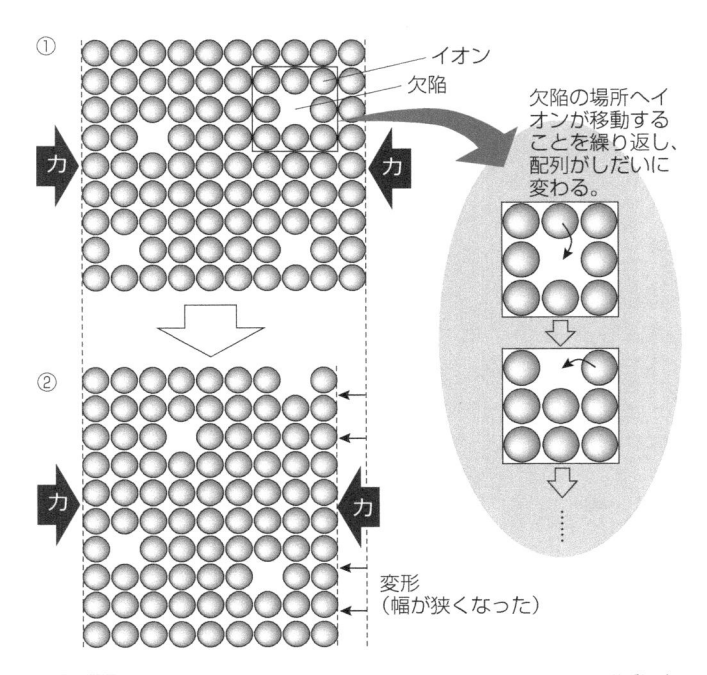

図 3-6　結晶内変形　結晶に欠陥があることで、イオンの移動が可能になって全体が変形する。

67

みもあります。図3-7は、鉱物結晶のイオンどうしが強く引き合って結合する部分を線で結んで表したモデル図です。この鉱物の結晶に、①のように左右にずらすような力がはたらき続けると、弾性変形によって結晶が歪み、結晶のイオンの位置に微小なずれが生じます。あるイオンは、熱運動によって一瞬大きく位置がずれ、②のように、本来結合するはずではない、別の位置のイオンと結合することがあります。このような結合のずれを「転位」とよびます。時間が経つにつれ、転位の生じたとなりのイオンも転位が生じ、転位の位置が③のように次々に移動していくことで、やがて結晶全体が④のようにずれます。このようにして結晶が変形することを**転位滑り**と言います。転位滑りは、鉱物の弾性変形をもたらす力が解消されるように進行することに注目してください。その

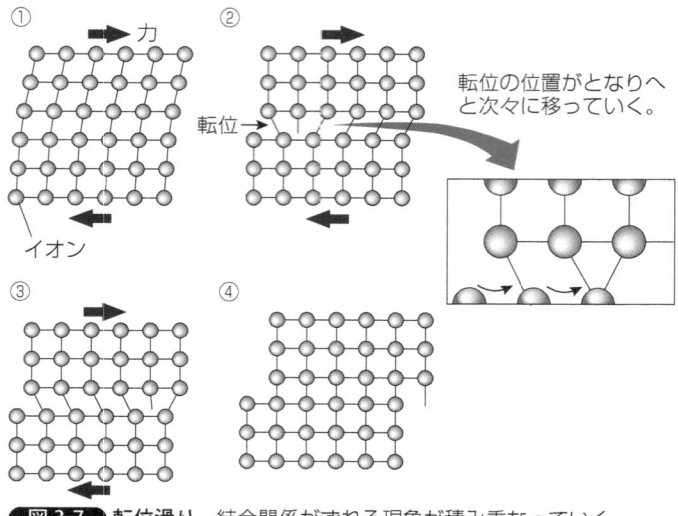

図 3-7 転位滑り 結合関係がずれる現象が積み重なっていく。

ことは結晶内変形と同じです。また、熱運動によって結晶内の結合がいったん切れることが発端になって起こるので、温度が高いほど生じやすいと言えます。

鉱物間の物質移動による変形

　イオンの移動が結晶内ではなく、となりの結晶へ移動することで起こる変形もあります。これは、先に述べた、岩石をつくる鉱物と鉱物の境界の隙間に存在する水を媒介した現象です。鉱物の結晶の表面では片側にしか結合がないので、イオンが熱運動で振動すると、図3-8のように、イオンが結晶から外れてしまうことがあります。すると、隙間の水分子の間にまぎれ込んだ状態になります。このようにして起こる水への溶解は、とくに結晶が凸になってとなりの結晶と強く当たり、圧力が強まった部分で起こりやすく、「圧力溶解」ともよばれています。

　こうして溶け出したイオンがとなりの結晶にたどり着いて、その表面に結合して再び結晶の一部になると、鉱物Aの

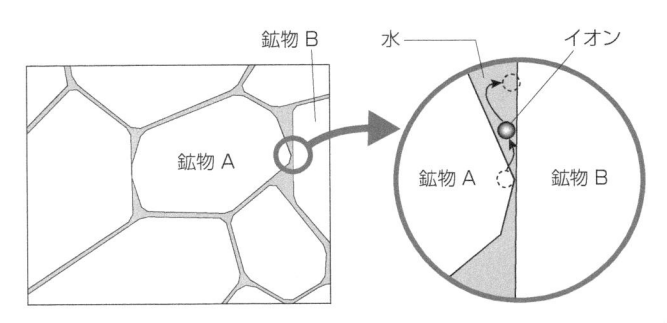

図3-8　鉱物間をイオンが移動　鉱物間の水にイオンが溶けて再結晶することで、鉱物が変形する。溶け出しは凸部分で起こりやすい。

表面が削れ、鉱物Bの表面が成長したことになりますね。このような溶解と再結晶によって、鉱物が形を変え、岩石全体は塑性変形していきます。

ところで、「石は水に溶けない」と常識では考えます。実際は、水は岩石をつくる鉱物を少しずつ溶かし、鉱物が水に溶けたり再結晶したりする現象は、地球上の物質循環の中で重要な役割を担っています。

さらに、高圧の場合、水の沸点は100℃──という常識は成り立ちません。高圧でぎゅっと封じ込められているため、水分子がばらばらに飛び回る気体の状態にはならないのです。このため地球内部には、数百℃、数千℃といった常識では考えられない高温の水が存在しています。このような高温の水を**熱水**と言い、熱水は鉱物をよく溶かし、水溶液をつくります。温度が高いほど、鉱物間に存在する水へのイオンの溶け出しは増え、鉱物間の物質移動による鉱物の変形はよく進みます。

さて、岩石に長い時間をかけて力が加わり続けると、鉱物内や鉱物間のイオンの移動による変形、さらに最初に述べた

3章 地球をつくる岩石のひみつ

鉱物の結晶面の滑りが組み合わさって変形し、温度が高いほど変形しやすいというイメージができたでしょうか?

硬い・やわらかいは時間のスケールによって異なる

図3-9のように、岩石の板に力を加えたときを考えましょう。岩石は、短時間では弾性変形して歪みを蓄えます。力をなくせばもとの形にもどります(図3-9(a))。しかし、非常に長い時間、力を加えたままにしておくと、鉱物がすでに述べたいろいろな過程で変形し、徐々に弾性変形を解消します。この後力をなくしてももとの形にもどらず変形したままです(図3-9(b))。

短時間では硬い岩石も、きわめて長い時間のうちにはやわらかくふるまうことから、岩石の硬さは、時間のスケールの

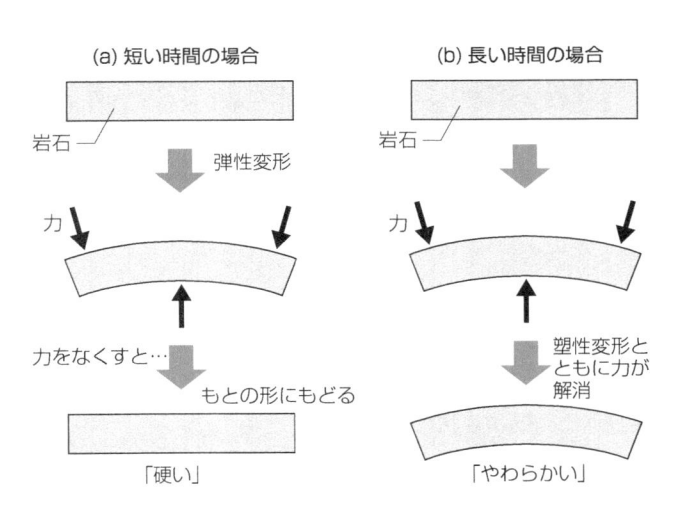

図 3-9 時間スケールによって異なる「やわらかさ」 岩石の硬い・やわらかいは、時間のスケールによって決まる。

違いによって変わると言えるでしょう。

やわらかいふるまいが現れるまでの時間の長さを**緩和時間**と言います。温度が高いほど緩和時間は短く、短時間のうちに塑性変形します。緩和時間の正確な定義は本書では扱いませんが、何となく理解しておきましょう。地球表層を覆うプレートの岩石がやわらかくふるまうまでの緩和時間は数十万年です。プレートの下には、これとは桁違いに短い、緩和時間が数百年の岩石層があります。つまり、数百年の時間スケールで見ると、表層は硬く、その下はやわらかく流動的であるということです。

硬いはずの固体の岩石が流動する——という話を聞いたときに感じるもやもやは、岩石における「硬い・やわらかい」が、緩和時間で語られるべき現象であることを理解していなかったためと言えそうです。

付け加えると、変形には、弾性変形と塑性変形以外に、もう1つ別のタイプがあります。緩和時間よりも短い時間に、力が急速に大きくなり、岩石が弾性変形する強度の限界を越える場合も考えられます。すると、岩石は**破壊的変形**をし、割れたり砕けたりします。これは地震の発生と関連が深い事柄です。

3　プレートは硬いリソスフェア

地殻とマントルの違い

地球の岩石圏を岩石の硬さで区別したとき、硬い表層の岩石圏を**リソスフェア**（lithosphere）と言います。litho-は、「石の」という意味で、硬いイメージです。またsphereとは、ピ

3章　地球をつくる岩石のひみつ

ンポン球の殻のような球殻のことです。このリソスフェアの層がすなわちプレートであり、厚さはだいたい100kmです。

　リソスフェアに対して、その下にあるやわらかい岩石層を**アセノスフェア**（asthenosphere）と言います。astheno-は、「弱い」という意味です。アセノスフェアは深さ100〜400kmの岩石層を指します。それより深いところも、温度が高いためやわらかいのですが、アセノスフェアはとくにやわらかさが増しているため、区別しています。

　リソスフェア、アセノスフェアという言葉は覚えにくくて、すぐにどちらがどちらかわからなくなりそうです。慣れるまでのしばらくの間、「硬い」「やわらかい」という言葉を添えて書くことにします。

　硬いリソスフェアとは、地殻のことでは？　と最初誰でも思います。しかし、実は違うというのが少しややこしいところで、図3-10はその違いを表したものです。地殻は、「岩石の種類」でマントルと区別されます（図3-10(a)）。上部マントルの岩石はかんらん岩ですが、地殻の場合は、これとは異なる岩石です。大陸地殻は白っぽい**かこう岩**が代表的な岩石で、墓石などの石材として使われる御影石とよばれる岩石はこのなかまです。また、海洋地殻の場合は、黒っぽい**玄武岩**で、ハワイ島の噴火で流出した溶岩にも見られます。

　これに対し、物理的な「硬さ」で区別するのが硬いリソスフェア、やわらかいアセノスフェアです（図3-10(b)）。硬いリソスフェアの上層は地殻の岩石でできていますが、下層は異なり、硬くなったマントルの岩石であることに注意しましょう。つまり、プレートは、上層が地殻の岩石、下層がマントルの岩石でできているということです。

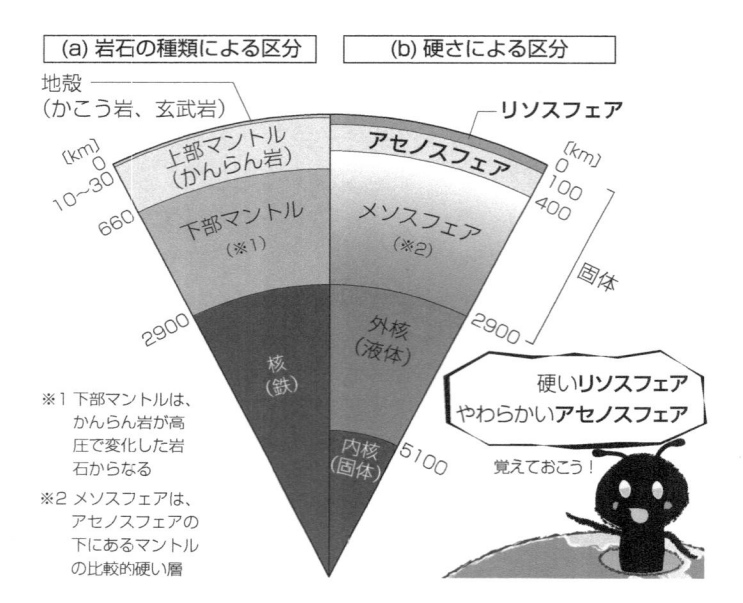

図 3-10 物質による区分と硬さによる区分

(a) 岩石の種類による区分
- 地殻（かこう岩、玄武岩）
- 上部マントル（かんらん岩）
- 下部マントル（※1）
- 核（鉄）

[km]
- 0
- 10〜30
- 660
- 2900

※1 下部マントルは、かんらん岩が高圧で変化した岩石からなる

(b) 硬さによる区分
- リソスフェア
- アセノスフェア
- メソスフェア（※2）
- 外核（液体）
- 内核（固体）

[km]
- 0
- 100
- 400
- 2900
- 5100

固体

※2 メソスフェアは、アセノスフェアの下にあるマントルの比較的硬い層

硬いリソスフェア やわらかいアセノスフェア
覚えておこう！

1章のアイソスタシーの説明では、重いマントルの上に軽い地殻が浮いていると説明してきました。では、プレート（硬いリソスフェア）はやわらかいアセノスフェアの上に浮いていると言えるのでしょうか？――この問いへの答えは、プレートは「なぜ動くのか？」という本書のテーマに通じるものです。答えは「否」なのですが、その理由は先へ読み進むうちにわかるようにしましょう。

4章 海嶺と海洋プレートのしくみ

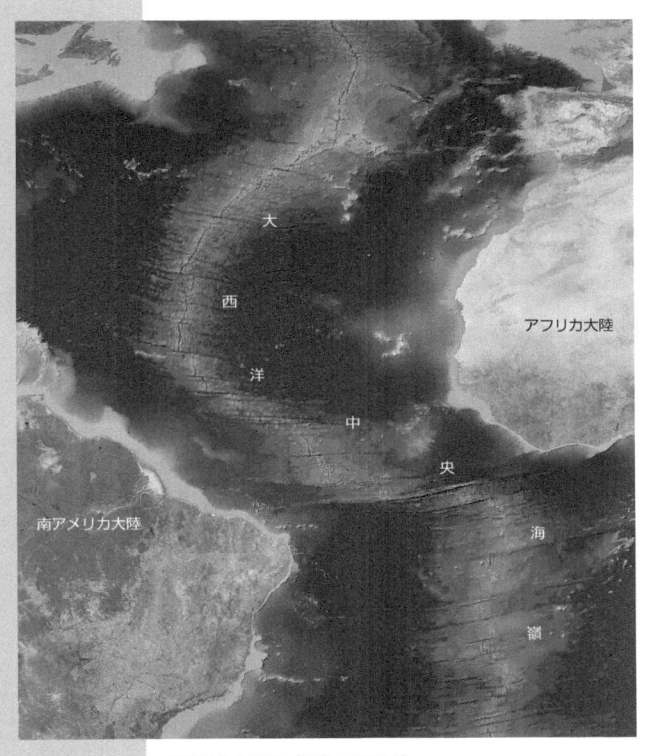

大西洋中央海嶺（画像：NASA）

1 マントルから海洋プレートができるまで

海嶺の構造

　地球を覆うプレートには、海洋底の部分と大陸の部分があり、海洋底の部分を海洋プレートとよびます。海洋プレートが誕生する場所である海嶺の構造を見てみましょう（図4-1）。

　海嶺では、プレートが両側に離れていくことによって裂け目ができ、同時に、その裂け目を埋めるように、地下のやわらかいアセノスフェアが上昇してきます。上昇してくるアセノスフェアからマグマが生じ、マグマだまりをつくります。そしてさらに、マグマだまりから海底に向かってマグマが上昇してきます。マグマの上昇してくる海底は、中央がやや凹んだ溝状の地形をしていて、**中軸谷**（または地溝）と言います。

　中軸谷の地下から上昇してくるマグマは、そのまま冷える

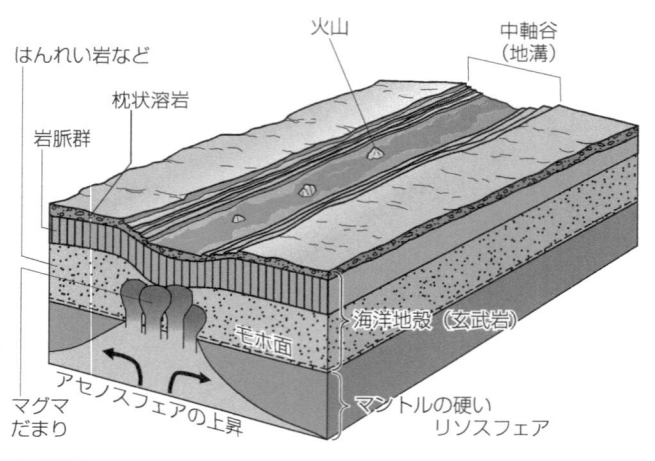

図 4-1 海嶺の断面図　　　　（『プレート収束帯のテクトニクス学』を改変）

76

4 章　海嶺と海洋プレートのしくみ

と「玄武岩」となる**玄武岩質マグマ**です。玄武岩質マグマが海底に流れ出すと、特徴的な形をつくり出します。海水にふれて外側が冷え固まった玄武岩の「殻」を割るようにして、中から熱い溶岩が流れ出し、その溶岩の外側がまた冷え固まり、中から熱い溶岩がさらに流れ出す……という過程を繰り返すのです。これによって、枕を積み重ねたような独特の形の**枕状溶岩**ができます（図4-2）。海洋地殻の上層は、主にこの枕状溶岩とよばれる形態の玄武岩で覆われるようになります。

　ときには一度にたくさんの溶岩が流れ出ることもあり、固まる前に水平に広がって溶岩湖をつくり、大きな溶岩のかたまりをつくることもあります。また、1ヵ所から何度も溶岩が流れ出ると、積み重なって山のような地形（火山）をつくることもあります。

　海嶺全体も、溶岩が流れ出す火山と言うことができますが、絵本などでよくイメージされる、地下のマグマが縦のトンネルを山頂の火口に向かって上昇する噴火形式とは異なる、割れ目噴火とよばれる形式です。中軸谷が延びる方向には地殻の裂け目ができやすく、その隙間をマグマが上昇するのです。裂けた隙間で

図4-2 枕状溶岩

すから、経路を埋めたマグマが冷えて固まると、薄い板状となります。裂け目は1つではなく、平行に並んだ数多くの裂け目をマグマが上昇してきます。これが冷え固まり、中軸谷の地下に板状の岩石（一般に**岩脈**とよばれる）が無数にできます。海洋地殻の中層は、この岩脈からなる玄武岩でできています。

玄武岩質マグマは、ゆっくり冷えて固まると「はんれい岩」という種類の岩石になります。ゆっくり冷えると、鉱物の結晶が大きく成長するため、同じ鉱物からなる岩石でも見た目が異なるようになるのです。これは、前掲の図3-1における火山岩と深成岩の違いです。海洋地殻の下層の岩石は「はんれい岩」になりますが、本書では簡単にするため、これも含めて海洋地殻は玄武岩と記述することにします。

海嶺の中軸谷付近の地殻は、プレートが両側に引かれるため、あるいは熱かった岩石が冷えて縮むため、割れてずれた断層がたくさんできているのも特徴です（図4-3）。この割れ目から冷たい海水が入り込み、地下の熱い岩盤にふれて熱せられます。水深数千mにもなる海洋底は、数百気圧という大きな水圧のため、沸騰しないまま数百℃になった熱水の存在する世界です。熱水は地下の熱い岩石の成分を溶かし込み、海底の噴出口から出てきます。この水の循環を**熱水循環**と言います。

熱水の噴出口では、鉱物を溶かした熱水が冷たい海水にふれて、鉱物が盛んに析出します。析出した鉱物が黒い煙のように見え、そのようすは「ブラックスモーカー」とよばれます。

岩石から熱水に溶けやすい元素が選び出され、鉱物が析出することは、金属など鉱物資源が豊富な鉱床をつくり出すし

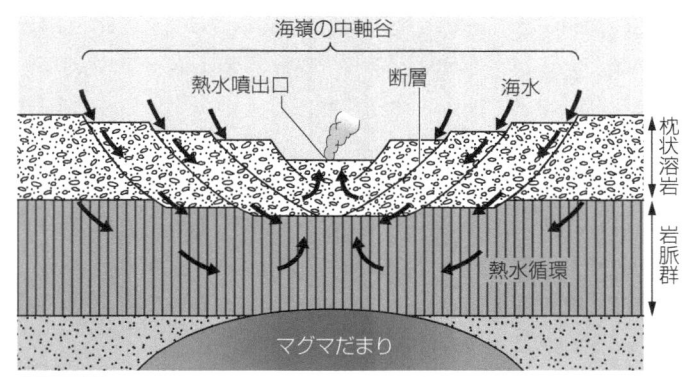

4章　海嶺と海洋プレートのしくみ

図 4-3　熱水循環　地殻の割れ目（断層）から海水が入り、地下の高温の岩石にふれて熱水となり、再び海底に噴出する。

くみの1つです。このように物質をより分ける「分化作用」は、地球のさまざまなところで見られます。

マントルの3つの溶け方

　海嶺地下でできる玄武岩質マグマは、マントルの物質と同じ成分なのでしょうか？　そうではありません。上部マントルをつくる物質である固体のかんらん岩が溶けて、液体の玄武岩質マグマをつくるしくみにも、物質の「分化作用」が見られます。まず、マントルの岩石が溶ける条件について、図4-4のグラフで理解しましょう。

　地上でかんらん岩を熱すると1200℃くらいで状態変化が起こり、溶けます。地球内部は深くへ行くほど温度が高くなっており、大まかにはグラフの太い曲線のように描かれます。横軸は深さの変化を示すとともに、圧力の変化も示しています。この温度の曲線を見ると、1200℃になるのは地下

80kmくらいです。では地下80kmのかんらん岩は溶けているのかというと、そうではありません。地下深くでは、積み重なる岩石の重さで巨大な圧力が生じ、岩石を封じ込めているため、原子や分子が自由に動きまわる液体の状態になかなかなれないのです。地上の圧力（1気圧）のもとでは、かんらん岩の溶ける温度は1200℃でも、3万気圧近くもの圧力がかかる地下80kmでは、1500℃でなければ溶けません。地下深くへ行くほど、かんらん岩が溶ける温度は高くなり、このようすは、グラフのⒶの線として描かれます。

　グラフの太い曲線であるマントルの温度は、どの点をとってもⒶの線つまり溶ける温度の下側です。マントルのかんらん岩は溶けることなく固体の状態だということになります。

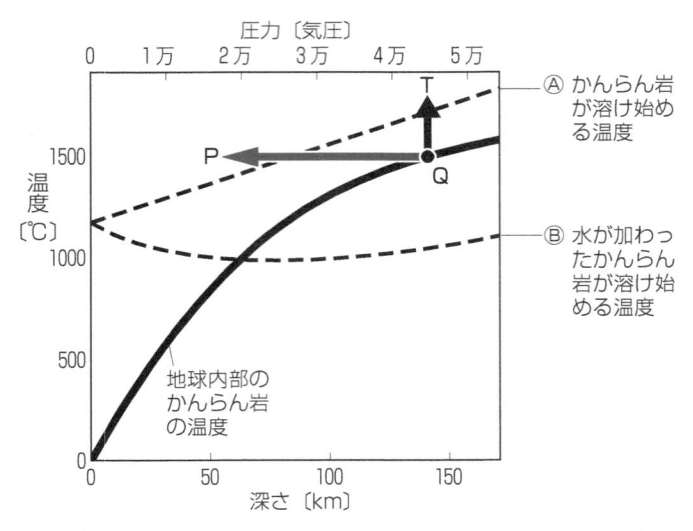

図 4-4　マントルからマグマができる条件　温度が上がる場合（T）、圧力が下がる場合（P）、水が加わる場合（Ⓑ）にかんらん岩が溶ける。

4章　海嶺と海洋プレートのしくみ

　実際にマントルが固体であることは、地震波の分析からわかると2章で述べました。このかんらん岩が溶けるには、次の3つのケースが考えられます。深さ140km付近で温度が1500℃のQ点で考えましょう。

　1つめは、日常的な感覚ではもっとも理解しやすい「温度が上昇すること」であり、図ではTのほうへの変化です。何らかの原因で地下のかんらん岩が熱せられれば溶けます。しかし、これはあまり起こりそうにない現象です。地下の温度分布はグラフの太い曲線のようになっているのですし、一部の温度を上げるだけの熱が急に発生するという状況はあまり考えにくく、移動してきた熱いマグマにふれた岩石が2次的に溶かされるときくらいです。また、海嶺直下のマントルは海底に向かって上昇してくるのですから、冷やされることはあっても熱せられることはないでしょう。

　2つめは、圧力の低下です。地下140kmの1500℃のかんらん岩が、温度がほとんど変わらないまま地下の浅いところへ上昇して、圧力が低下するとどうなるでしょうか？　図ではPのほうへの変化です。岩石が溶けるⒶの線の上側に出ることになり、かんらん岩は溶けます。マントルのかんらん岩は、深部から浅いところに上昇すると溶け始めるということです。圧力の低下によって溶けるので、**減圧融解**と言います。

　3つめは、**水の添加による融解**です。かんらん岩に水が加わると、かんらん岩の溶ける温度が大きく低下し、図のⒷの曲線のようになります。1000℃くらいで溶けることになりますから、Q点の1500℃のかんらん岩は溶けます。

　水が加わることで岩石が溶けやすくなることは、1960年代に日本の久城育夫氏が初めて明らかにしました。高温のマ

グマができるために水——というのは不思議な感じがしますが、物質に別の物質が加わることによって、状態変化の温度が変わる例は身近にもあります。沸騰した味噌汁でやけどをするとひどくなるから気をつけなさいと言いますが、これは塩分の溶けた水の沸点が100℃より高くなるためです。塩分の溶けた海水が0℃でも凍らなくなるのも、同様の例であると言えます。

　また、水とはいっても冷たい水ではなく、地下の超高圧のため、数百℃から1000℃もの高温になっても沸騰せずにいる**熱水**です。普段身のまわりで接する水とは異なり、かんらん岩の成分をどんどん溶かし込んで濃い水溶液をつくり始めます。完全に溶かしてしまい、鉱物の濃い水溶液になったものもマグマです。それを水溶液とよぶかマグマとよぶかは、溶液の濃さの違いで決まると言ってよいでしょう。減圧融解の場合は水がなくても岩石が状態変化で液体になってマグマはできるので、マグマは無水のものと含水のものがあることになります。

　さらに、鉱物間には微少な水があると3章で書きましたが、その量ではかんらん岩の大部分を溶かすには十分な量ではなく、もっと多くの水が必要であるということになります。

かんらん岩の部分融解

　海嶺地下で起こるのは2つめにあげた減圧融解による無水のマグマの生成です。図4-5のように海嶺の地下にマントル（アセノスフェア）のかんらん岩が上昇してきて圧力が下がり、減圧融解による固体から液体への状態変化が起こって溶けます。このとき、かんらん岩は一様に溶けるのではなく、

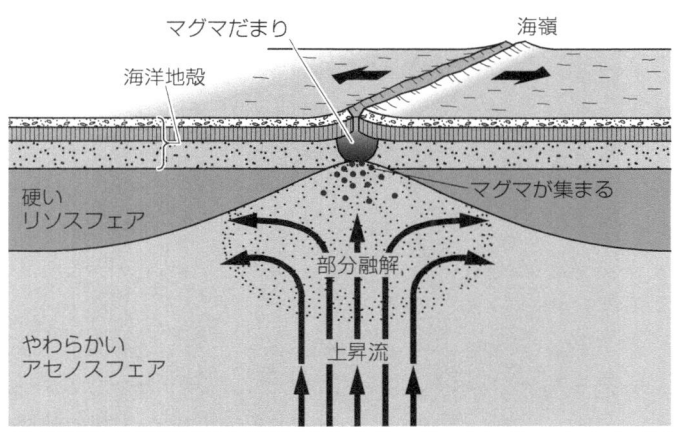

4章　海嶺と海洋プレートのしくみ

図 4-5 海嶺地下での減圧融解によるマグマの生成　マントル（アセノスフェア）のかんらん岩が上昇し、減圧により部分的に溶ける。

「部分的に溶ける」ことが話の続きの大事なポイントです。

> かんらん岩が部分融解すると、玄武岩質溶岩ができる。
> ってことか……

かんらん岩をつくる主な鉱物であるオリビンは、SiO_4四面体と、マグネシウム、鉄を成分としていることはすでに3章で解説しました。化学式は$(Mg, Fe)_2SiO_4$で、マグネシウムと鉄の割合は任意に変わることができ、極端な場合、Mg_2SiO_4となったり、Fe_2SiO_4となったりします。

実は、同じオリビンでも、Mg_2SiO_4とFe_2SiO_4とでは、溶ける条件が少し異なるのです。これは、鉄のほうがマグネシウムよりも結晶中での安定度が低く、液体中に溶けて出ていきやすいためと考えられます。鉄とマグネシウムの両方が含ま

83

れるオリビンでは、温度が少しずつ上がっていくと、鉄が早く溶け出してマグマ側に多く行き、マグネシウムが固体側の岩石に残りやすいという傾向が生じます。

溶けるときに成分が分かれてしまう例は、身のまわりでも似た例があります。チューブ入りの氷アイスを溶かしながら甘い液を吸っていると、チューブの中にほとんど甘くない白い氷だけが残りますが、これは甘い成分が先に液体中に溶け出したためです。

図4-4のかんらん岩が溶ける温度の線Ⓐは、実は詳細に表すと2本あり、図4-6のⓐとⓑのようになります。かんらん岩の圧力が下がると（グラフで右から左のほうへ行くと）、はじめにⓑの線を越えますが、グレーの部分では、かんらん

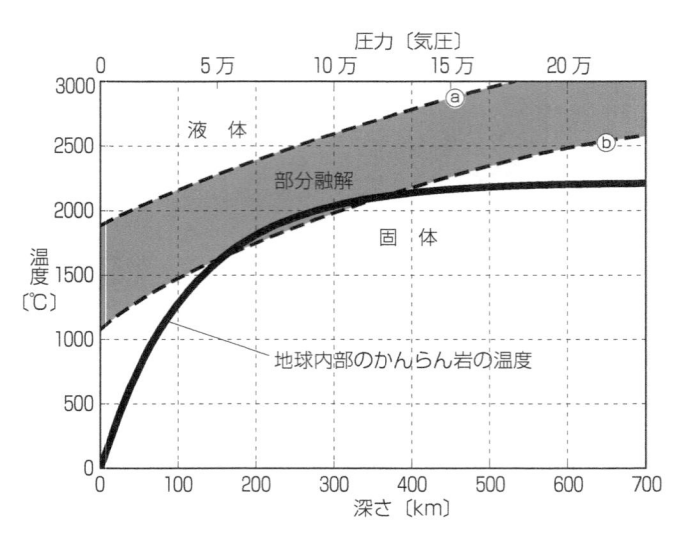

図 4-6 深さ 700km までの温度とかんらん岩の状態

(『地球のダイナミックス』、〈Lille, 1999〉を改変)

岩が部分的に溶けます。このとき、溶けた液体側に鉄が多く行き、固体側にマグネシウムが多く残ります。これをかんらん岩の**部分融解**と言います。グラフのⓑの近くでは部分融解によって生じるマグマは少量ですが、ⓐに近づくほど生じるマグマの量が多くなります。

こうして生じたマグマは、もとのかんらん岩とは成分が異なる**玄武岩質マグマ**となります。海洋地殻は、この玄武岩質マグマが固まってできた玄武岩でできています。

かんらん岩が部分融解するときの知識は、地球内部を掘って調べたのではありません。実験室で地球内部と同じ超高圧・高温の状態を再現したのです。この実験装置は、丈夫なダイヤモンド2つでひと粒の試料をはさんで閉じ込め、小さな面積に大きな力を加えることで超高圧にし、レーザー光を当てて高温にするというもので、**ダイヤモンドアンビルセル**とよばれています（図4-7）。マントルと同じ数万気圧が再現でき、さらに地球中心の圧力条件さえ再現できます。

図4-6のようなグラフも、超高圧・高温実験の成果です。実験室の小さな試料から地球内部のことがわかるのは不思議ですが、地球科学がミクロな物質科学からグローバルな観測までを網羅した、さまざまな先進科学の総合であることを示しています。

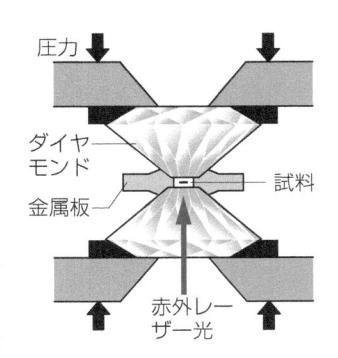

図4-7 ダイヤモンドアンビルセルの実験装置 超高圧下での岩石の性質を調べるのに欠かせない。

海洋プレートの下のやわらかいアセノスフェア

　図4-6のマントルの温度曲線をよく見ると、凸になった部分がほんの少しグレーのところにかかっています。深さ100～400kmにあたります。

　この深さのマントルは、全体としては固体ですが、ほんの1％だけ溶けてできた微少のマグマにより、鉱物の結晶の表面がぬれ、滑りやすくなった状態になっていると考えられています（図4-8）。ただし、鉱物をぬらしているマグマの量は微少なので、鉱物の粒間から流れ出て集まったりはしません。集まってマグマだまりができるのは、すでに述べたように、このマントルが上昇して部分融解がもっと進んでからです。あくまでも、ほんの1％だけ溶けて、表面がうっすらぬれる程度のマグマと考えられます。部分融解したマグマが2％を超えるくらいから、液体の特性を示し始めると考えられています。

　完全に固体のマントルでも、3章で解説したように、緩和時間を超える長時間のうちには流動しますが、このマントルは、結晶間の微少なマグマの存在によって、さらに流動性が

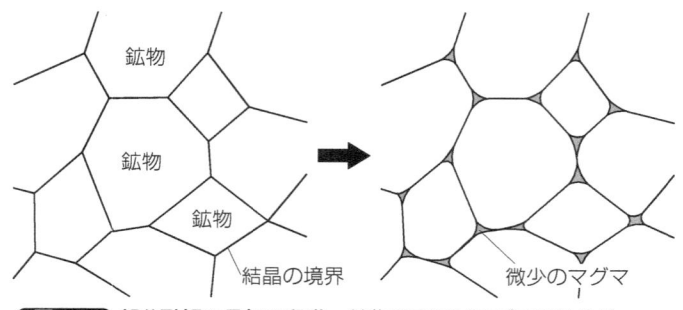

図 4-8　部分融解の最初の段階　鉱物の表面がマグマでぬれる。

4章　海嶺と海洋プレートのしくみ

増した状態であるといえます。この流動性の増したマントルこそ、やわらかいアセノスフェアです。硬いリソスフェアの下に、マントルの中でもとくにやわらかいアセノスフェアがあることは、プレートが水平方向に動くときの抵抗を少なくする役割を果たしています。プレートは、アセノスフェアの上を、いわば「滑るように」動くのです。

やわらかいアセノスフェアの存在は、地震波の解析からもとらえられています。図4-9は、地上から地球の中心に向かって、地震波の速さがどのように変化するかを表したものです。地表から地球の中心に向かうにつれ、地震波の速さは速くな

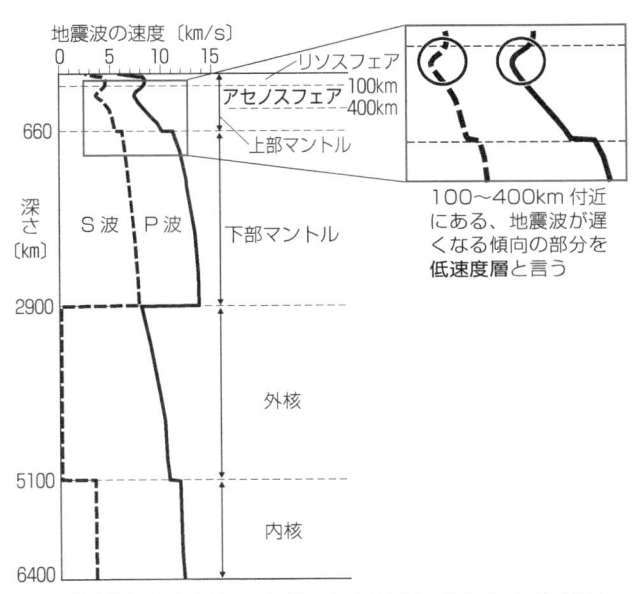

図 4-9　低速度層　地震波の低速度層はアセノスフェアに対応する。
(『地球のダイナミックス』、〈Keary and Vine, 1990〉、〈松井ほか, 1996〉を改変)

る傾向が全体から読み取れます。また、グラフの一番上部の水平になっている部分は、地殻とマントルの境界にあたるモホロビチッチ不連続面です。660kmの水平部分は上部マントルと下部マントルの境界です。

　外核では液体であるためＳ波が伝わらないこともわかります。しかし、グラフの一部をよく見ると、地下100〜400kmのところに、地震波の速さが遅いほうに変化している部分があります。これを地震波の**低速度層**と言います。

　地震波が遅くなるのは、この深さでマントルがとくにやわらかくなっていることを示し、低速度層とは、やわらかいアセノスフェアを地震波で見た姿です。

玄武岩質マグマの上昇と海洋プレートの形成

　海嶺直下でアセノスフェアの減圧による部分融解が進んでできる玄武岩質マグマは、量が少ないときは鉱物間の隙間から流れ出ていかず、とどまったままです。しかし、量が多くなってくると、鉱物間を流れて移動するようになります。

　移動し始めたマグマは、固体が液体に変わったための密度の低下により、軽くなって上昇することになります。しばらく上昇すると、ある深さで集まってマグマだまりをつくります。

　玄武岩質マグマが冷えて固まった玄武岩の密度は約2.8g/cm^{3}であり、かんらん岩の密度3.3g/cm^{3}よりも小さくなります。ただしこれは地上の温度・圧力の条件で比べた値です。玄武岩質マグマは、かんらん岩が部分融解するときにマグネシウム（原子量24）よりも鉄（原子量56）が多く入っているので、冷えてできた玄武岩は重くなりそうにも思えます。

それにもかかわらず軽くなるのは、高圧下でできるかんらん岩は原子間距離が小さく密度の大きいオリビンが主な鉱物であるのに対し、低圧力下でできる玄武岩はもっと密度が小さい鉱物の集まりだからです。加えて、玄武岩には急冷されたためできたガラス——原子やイオンが規則正しく配列した結晶になれないまま固化したもの——も含まれており、その密度が小さいことも玄武岩が軽い理由の1つです。

さて、このようにして、玄武岩質マグマが海底や海底近くの地下で急に冷え固まってできた玄武岩の地殻は、マントルよりも軽い物質であり、そのため浮力をもっていて、地球の表層に浮かびます。

かんらん岩が部分融解して玄武岩質マグマを出した**溶け残りマントル**（ハルツバージャイト）は、マグネシウムよりも重い鉄が選択的に抜けたため、もとのかんらん岩よりも少し軽い3.1g/cm^{3}の密度になります。この軽い溶け残りマントルも、玄武岩の地殻の下にくっついて、海洋プレートの一部になります。

冷えて厚くなり、遠洋性の堆積物がたまる海洋プレート

できたばかりのプレートは温度が高いので密度が小さく、浮力によって浮かび上がっているため、海洋底は海嶺で水深2500m程度です。そこから離れてプレートが冷えて密度が増大すると海洋底は低くなり水深5000m程度となります（図4-10）。重くなった海洋底が低くなるのは、1章で述べたアイソスタシー、つまりアルキメデスの原理によります。

勾配はゆるやかであるものの、海嶺は海底の雄大な山脈のようです。岩石が内部から熱を伝える速さはとても遅いので

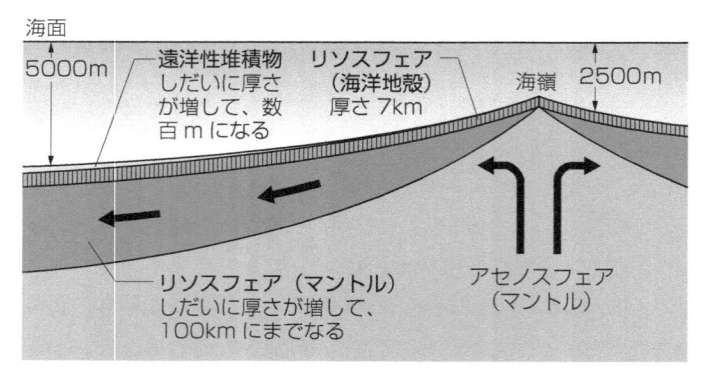

```
海面
5000m  遠洋性堆積物     リソスフェア
       しだいに厚さ     (海洋地殻)           海嶺  2500m
       が増して、数     厚さ7km
       百mになる

       リソスフェア(マントル)         アセノスフェア
       しだいに厚さが増して、         (マントル)
       100kmにまでなる
```

図 4-10 海洋プレートの成長 海嶺から遠ざかるにつれてリソスフェアのマントル部分が厚くなり、海洋底は低くなり、遠洋性堆積物層は厚くなる。

すが、プレートが海嶺で生まれて海溝にたどりつく数千万年という年月のうちに、深いところまで冷えていきます。

　プレートの下のやわらかいアセノスフェアであった部分も、しだいに冷えて硬いリソスフェアに変化し、プレートは最終的に100km程度にまで厚みを増します。海嶺直下では厚さ7kmの地殻のすぐ下にマグマだまりやアセノスフェアがあったわけですから、これは大きな変化です。

　プレートが下に向かって厚くなっていく一方で、プレートの上面の海底も、海嶺から離れるにしたがって、しだいに堆積物がたまり厚くなっていきます。堆積物といっても、陸から流れ込んだものではありません。陸の岩石が浸食されてできた土砂が川から海へ流れ込んでも、陸から遠く離れた深海の海底には届かないからです。その代わり、海洋表層で浮遊するプランクトンの死骸がゆっくりと落下して深海に降り注ぎます。そのようすは「マリンスノー」とよばれています。

このようにして深海に積もる堆積物を、**遠洋性堆積物**と言います。

　海洋底が生まれた後、数千万年を経た遠洋性堆積物の層は、海嶺から遠く離れたところでは厚さが数百mに達します。有機物も含みますが、残りやすいのは、ケイ酸塩の鉱物からできた殻をもったケイソウや**放散虫**の遺骸からなる「ケイ質軟泥」とよばれるものです。堆積層の下層の堆積物は、積み重なる堆積物の圧力で水が絞り出され、またケイ酸塩鉱物が長い時間かけて水に溶け、再結晶することで粒間を埋める作用が進み、硬い岩石に変化していきます。このようにして、放散虫の殻などからなる堆積層が岩石化したものを**チャート**とよびます。チャートは、赤っぽくて硬い岩石で、6章で述べる理由で日本の各地に見られ、地球科学の発展にとても役立ってきました。

　こうしてできた海洋プレートの層状構造が、不思議なことに、地上で見られる場所があり、その構造をもつ岩石群をまとめて**オフィオライト**とよんでいます。アラビア半島のオマーンでは、海洋プレートの断片が550kmにもわたって露出しており、そこでは、枕状溶岩の層・岩脈群の層・はんれい岩の層・かんらん岩の層という海洋プレートの層状構造が直接見られるのです。海洋プレートは大陸プレートの下に沈み込むのが一般的なので、不思議なのですが、ここでは逆に海洋プレートが大陸プレートに乗り上げてしまったのだと考えられています。ただし、現在でも海洋プレートが乗り上がり続けているわけではありません。

2 海洋プレートはどう動いているのか

海嶺のトランスフォーム断層

　前節では、海嶺の断面の構造を見ましたが、ここでは水平方向の広がりや水平方向の運動を見ていきましょう。図4-11は、大西洋中央海嶺です。この海嶺は、かつてパンゲア超大陸が分裂したときにでき、現在も大西洋の海洋底を生産し続けています。また、図に描かれているのは、**断裂帯**という奇妙な構造です。断裂帯は、海底にできた崖のような段差で、これを境に海嶺の軸がずれています。図4-12は海嶺の中軸谷と断裂帯の構造、および、プレートの運動方向を示

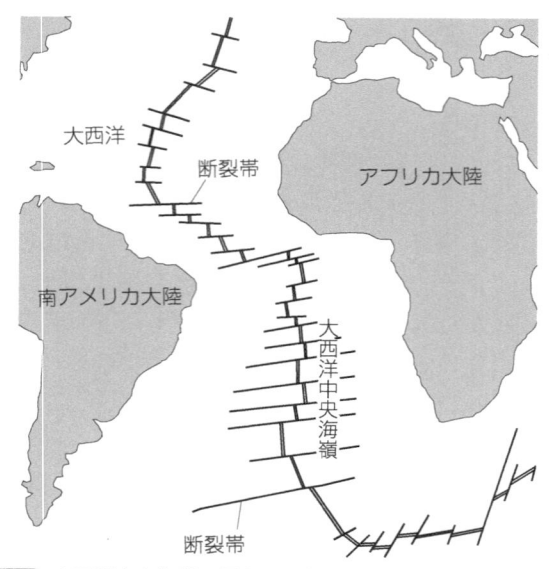

図 4-11　大西洋中央海嶺に見られる断裂帯
（『岩波講座地球科学 11 変動する地球』を改変）

4章　海嶺と海洋プレートのしくみ

したものです。このような構造は大西洋だけでなく世界中の海嶺に見られます。

　このような構造は、一見すると、初め1つにつながっていた海嶺の軸が、何らかの原因でずれてできたようにも思えますがそうなのでしょうか。もし、断裂帯が海嶺の軸をずらしたのならば、断裂帯を境にした岩盤のずれ動き方は、図4-12の(b)のようになるはずです。しかし実際は、図の(a)のように、ずれ動いているのは中軸谷と中軸谷をつなぐ部分だけで、それ以外の部分はずれていません。またそれだけでなく、ずれる向きも(a)と(b)では正反対です。

　断裂帯における横ずれ断層が(a)のようになるのは、海洋

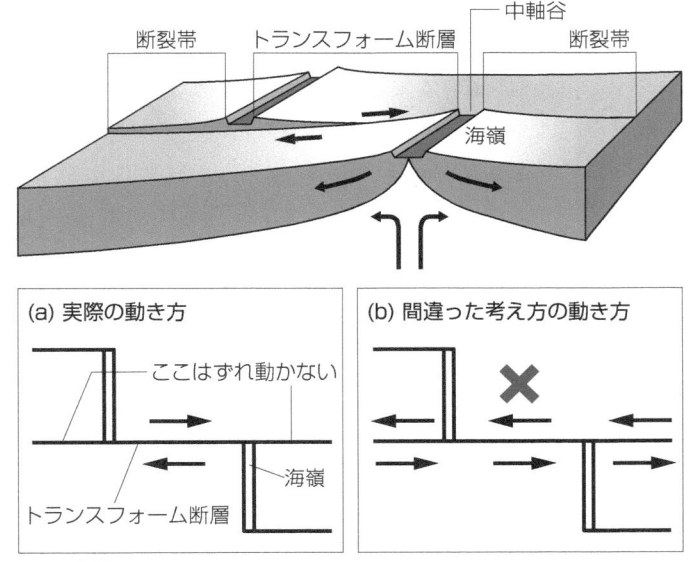

図 4-12　海嶺とトランスフォーム断層・断裂帯

93

底が海嶺でつくられ、そこから遠ざかるように動いている場合しか考えられません。この事実は、海洋底がまさに海嶺で生産されていることの重要な証拠になりました。断裂帯に見られるようなプレート境界の横ずれ断層を、**トランスフォーム断層**と言います。

　図のトランスフォーム断層には、高さの差ができていますが、これは、異なる年齢の海洋プレートが断層をはさんでとなり合うため、海嶺間近でまだ温度が高く軽いプレートが、アイソスタシーにより浮かび上がってできる構造です。ずれ動かなくなった断裂帯はしだいに固着し、段差は海嶺から離れても残ります。プレートが海溝から沈み込むときに、断裂帯の地形が地震の発生に影響を与えたりもします。

　トランスフォーム断層は、接し合うプレートとの相対的な運動方向を調べるときも非常に便利です。というのは、トランスフォーム断層が延びる方向と、接し合う２つのプレートの運動方向は、必ず一致しているはずだからです。現在では、カーナビゲーションに使われる人工衛星による測地システム（GPS）を使った観測でプレートの運動方向が観測できるようになっていますが、それができなかったプレートテクトニクスの構築期にも、トランスフォーム断層からプレートの運動方向を見定めることが可能でした。

プレートは球殻、その運動は回転

　ここで、世界のプレートの水平方向の運動がどのようなものであるかを概観してみましょう。図4-13は、接し合うプレート間の相対運動を表したものです。「相対」というのは、接し合うプレートが互いに離れる速さ、あるいは近づく速

4 章　海嶺と海洋プレートのしくみ

さ、横ずれする速さを単に表したものです。ですから、図の矢印はすべてプレート境界に表され、1点の2つの矢印は互いに同じ長さで逆向きに表されています。

これとは別に、絶対運動を記述することもできます。地球の自転軸や、地球内部で位置が動かないと仮定されているホットスポット（5章で解説）とよばれるマントル深部の熱源の位置を基準にして、プレートの下の地球本体に対する運動を表したのが図4-14です。これを見ると、太平洋プレートやインド・オーストラリアプレートのように速く運動しているものと、ユーラシアプレートのようにほとんど動いていないものとがあります。海だけのプレートは動きやすく、大陸が乗っているプレートは動きにくいという特徴が見てとれます。

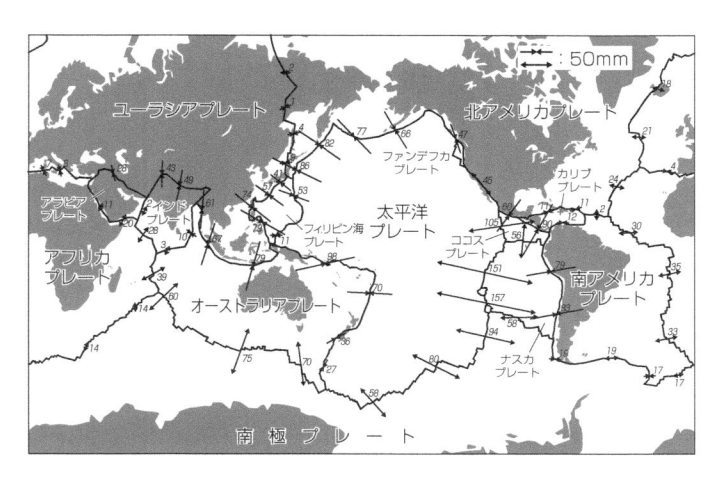

図4-13 プレートの相対運動　矢印と数値は相対運動の方向と速度。
（出典：『地球のダイナミックス』、〈鳥海ほか , 1997〉）

また大西洋中央海嶺をはさんで両側のプレートはどちらも西のほう（左のほう）に動いていますが、西側のアメリカ大陸を乗せたプレートの移動速度が大きいために、相対的には、大西洋中央海嶺をはさんだプレートどうしは離れていく運動をしています。

　図4-14で太平洋プレートを見ましょう。中央部分では10cm／年以上の速さがありますが、北や南の端ではその半分くらいの速さです。1枚のプレートなのに、このような速さの違いはなぜ生じるのでしょうか。

　平面の地図で見ていると、プレートの運動が平面を水平に動くかのように錯覚しますが、実際は地球が球体であるため、プレートの形状は球殻をある形に切り取ったようなもの——ピンポン玉を切り取ったようなイメージ——です。球殻状の

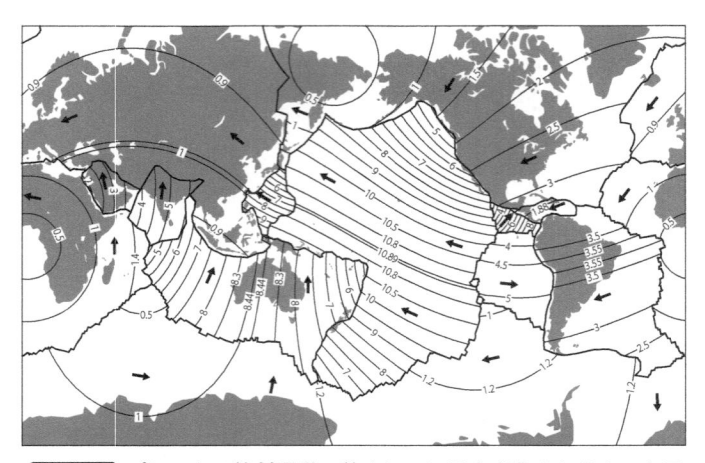

図 4-14　プレートの絶対運動　静止していると考えられるホットスポットを基準にした運動。数字は速度で、運動方向は等値線に平行。
（出典：『地球のダイナミックス』、〈鳥海ほか , 1997〉）

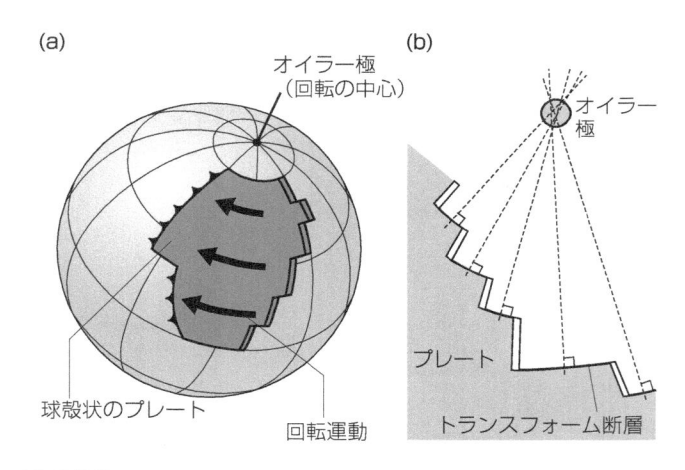

4章　海嶺と海洋プレートのしくみ

図 4-15 プレートの回転運動とオイラー極

　プレートが、地球中心を通る軸を中心にして回転運動します。もっともイメージしやすい例として、図4-15(a)のような回転運動として描くことができます。回転運動の軸が地球表面を通る点は、**オイラー極**といいます。オイラー極から遠いところでは大きな円周を描いて運動しますが、極に近いところでは小さな円周を描いて運動します。このため、同じプレート内でも、運動の速さが異なるのです。

　相対運動のオイラー極は、トランスフォーム断層によって求められます。図4-15(b)のように、いくつかのトランスフォーム断層に垂直な直線を引き、それらの交わる部分に、回転の中心軸が通る点すなわちオイラー極があります。

　プレートの回転運動によるプレート境界のでき方は、意外に多彩です。図4-16(a)のように、海溝、トランスフォーム断層、海嶺がほぼ一直線に並ぶことなどあり得ないように初

(a) 海溝、トランスフォーム断層、海嶺がほぼ一直線に並ぶ例

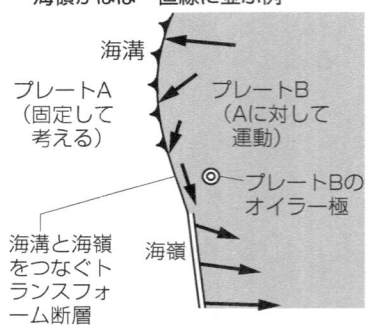

(b) 海溝と海嶺がつながる例

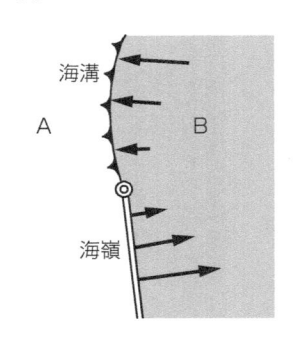

図 4-16 プレートの回転運動の珍しい例
(『プレートテクトニクスの基礎』を改変)

めは感じますが、プレートBのオイラー極が図のようにプレートBの内部にある場合は、そのようなプレート境界の配置も可能なのです。トランスフォーム断層（transform fault）の transform は「〜から〜へと変化させる」という意味で、海嶺から海溝へと移り変わる場合などには、まさにこの意味のプレート境界です。

さらに、図4-16(b)では、海嶺と海溝がとなり合うようなことも可能であることがわかります。

プレート境界に海嶺や海溝、トランスフォーム断層が配置されるパターンは、意外に多様であることが想像できたでしょうか。

5章 なぜ動くのか？マントル対流とスラブ

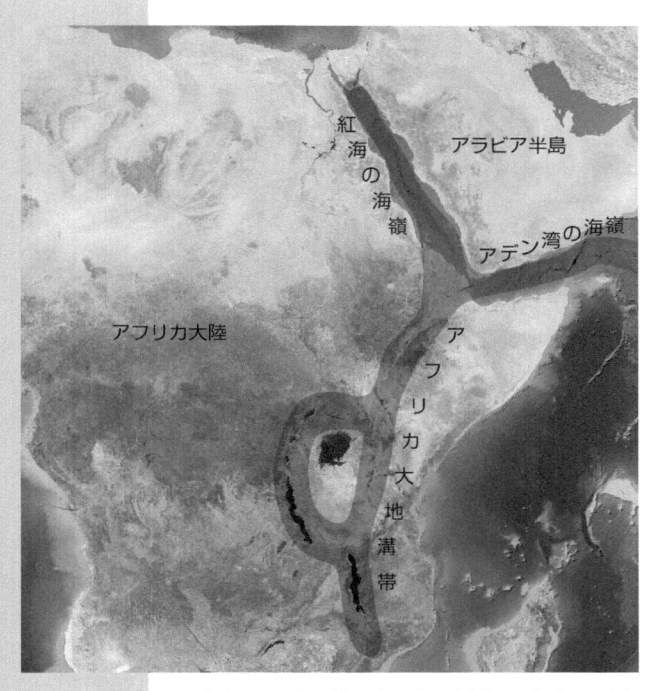

マントルのスーパープルームによって裂けつつあるアフリカ東部（画像：NASA）

1　トモグラフィーで見たマントル対流

プレートはなぜ動くのかという問題

　ウェーゲナーの時代、大陸移動説は「なぜ動くのか」を説明できなかったため、十分な説得力をもちませんでした。その後発展したプレートテクトニクスでは、なぜ動くのかをどのように説明しているのでしょうか。実は、プレートテクトニクスそのものは、なぜ動くのかの解明を脇に置いた枠組みの中で発展しました。それにもかかわらず、いったんプレート運動という事実を受け入れると、地震や火山、造山運動といった各種の現象を、プレート境界で起こる現象として統一的に解明することができ、それだけで十分大きな成果を上げてきたのです。

　しかしながら、なぜ動くのかという問題は、それに悩んだウェーゲナーならずとも大変興味深い問題です。解明するためには、プレートだけでなくマントルを含めた運動として考える必要があり、地球ダイナミクスとかマントルダイナミクスとよばれる研究分野が発展してきています。

　プレートが運動する原因として、海嶺から近い順に見ていくと、次のことが考えられます（図5-1）。

　① 海嶺に上昇するマントルが押し出す
　❷ 海嶺の斜面をプレートが滑り落ちる（リッジ押し）
　③ マントル対流の水平方向の流れが引きずる
　❹ 沈み込んだプレートの重さが引き込む

　結論を先に言うと、黒丸数字にした❷と❹がプレートを動かす主な原因です。

　❷は、4章で述べたことと関係があります。それは、海嶺

5 章　なぜ動くのか？——マントル対流とスラブ

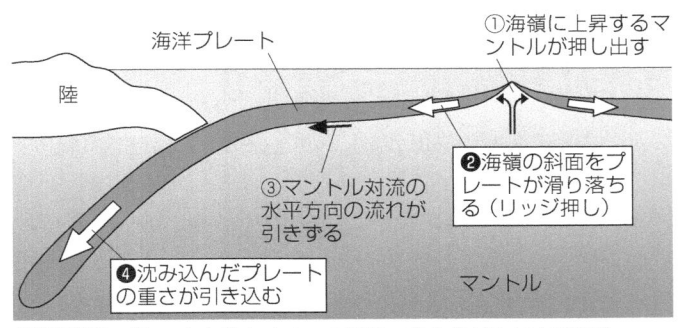

図5-1　プレートを動かす4つの要素　❷と❹が主な力である。

（図中ラベル）
海洋プレート
陸
①海嶺に上昇するマントルが押し出す
❷海嶺の斜面をプレートが滑り落ちる（リッジ押し）
③マントル対流の水平方向の流れが引きずる
❹沈み込んだプレートの重さが引き込む
マントル

から離れるとプレートが重くなり、高さが低くなっていくことです。その海嶺の斜面をプレートが滑り落ちて、続く先の部分のプレートを押します。この作用を**リッジ押し**と言います。リッジとは尾根の意味で海嶺を示します。

　海嶺ではたらく力としては、①の「海嶺に上昇するマントルが押し出す」ことによる力もあるように感じるかもしれませんが、そのためにはマントルの強い上昇流が必要です。プレートの運動を考えるには、マントル対流について知る必要がありそうです。まずマントル対流について知り、その後プレートが運動する原因をもう一度考えてみましょう。

マントル対流の始まり——地球誕生

　コンロの火にかけた鍋の水は、下のほうで熱せられて軽くなった水が上のほうへ移動し、水面で冷やされた水が下のほうに移動するので、上と下をぐるぐる回るように流れます。流体のこのような運動を対流と言います。地球のマントルも、地球の中心に近い下のほうほど温度が高くなっています。ま

101

たマントルの上面で接する地殻は、海水や空気に接し、宇宙空間に面しているため、冷たくなっています。このため、火にかけた鍋の水のように、マントルは対流していると考えられ、これを**マントル対流**と言います。ところで、地球は中心ほど熱いと言いますが、その熱の根源はそもそも何でしょうか？　1つは、地球誕生のときにさかのぼり、地球の岩石の起源にもかかわることです。少し詳しく述べましょう。

　およそ46億年前、宇宙に漂う「分子雲」から太陽系が形成されました。分子雲をつくる物質は、「ガス」と「ダスト」に大きく分けられます。ガスとは、水素やヘリウムです。ダストとは、ケイ酸塩鉱物や金属などの微小な固体の結晶です。

　ケイ酸塩鉱物の微小な結晶は、なぜ宇宙空間にあったのでしょうか？　かつて恒星の内部で核融合反応によりつくられたケイ素や酸素、金属などの元素が、恒星の死である超新星爆発で宇宙空間に放出されたのが起源です。放出された物質が冷えて分子雲をつくるときに、ケイ素や酸素、金属の原子などが結びついて、微小な結晶をたくさんつくったと考えられます。水分子などがつくられたのもこのときです。

　分子雲に含まれていた、水、メタン、アンモニアは、温度が低ければ氷のような固体のダストになり、高ければ蒸発して気体になるので、揮発成分とよばれます。ダストには岩石質のもの（金属・ケイ酸塩鉱物）以外に、氷質のもの（水・メタン・アンモニア）があったことになります。

　太陽は、分子雲の物質の密度の大きいところが重力で集まって誕生しました。同時に、太陽に取り込まれずに残ったダストは、「微惑星」とよばれる数 km サイズの無数のかたまりになり、太陽の周囲を周回していました。現在の彗星は

5章 なぜ動くのか?——マントル対流とスラブ

その生き残りと考えられており、塵と氷が集まった汚れた雪だるまのようなかたまりです。

無数の微惑星は、重力によってしだいに合体し合い、惑星をつくりました。太陽から遠いところでは、中心に鉄などの金属、周囲に岩石、その周囲に水やメタンなどの氷、さらにその周囲に重力で水素やヘリウムのガスを集めたような構造の星ができました。それらが、木星、土星、天王星、海王星です。

太陽に近い微惑星は、水などの揮発成分が太陽の熱で蒸発してしまっていたので、主にケイ酸塩鉱物と金属でできていました。これらの岩石質の微惑星が集まって原始的な惑星となり、さらにそれらが合体してできたのが、火星、地球、金星、水星といった地球型惑星です。

さて、このようにして衝突合体を繰り返す中で、衝突の際に運動エネルギーが熱エネルギーに変換され、地球の温度が

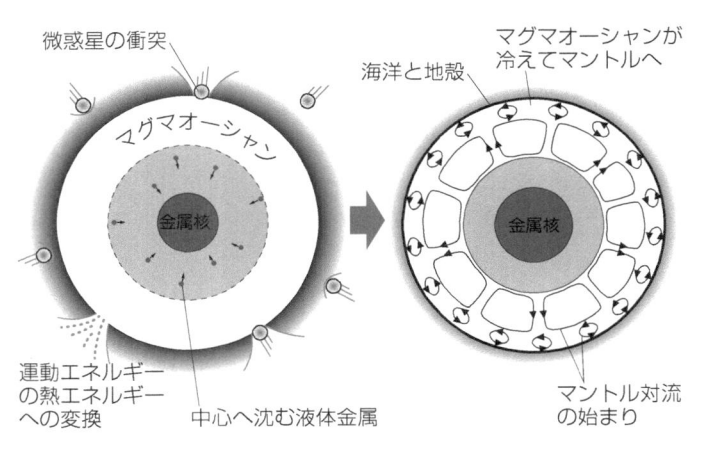

図 5-2 誕生したころの地球 微惑星の衝突で高温になった。

上昇しました（図5-2）。運動エネルギーの熱への変換は、ハンマーで鉄の釘をたたくと熱くなることからわかります。衝突のエネルギーで地球は深いところまで溶けて液体になっていたと考えられます。重い成分である鉄などの金属は、重力のために地球の中心に沈んで核をつくりました。そしてその外側に、ケイ酸塩鉱物による岩石層が残ったのです。密度の大きな物質が下に、密度の小さい物質が上にというアイソスタシーの浮力の原理は、このときからはたらいていたわけです。

地球がまだ熱いとき、岩石層は溶けてマグマの海である**マグマオーシャン**をつくっていました。このとき、揮発成分である水は、ほとんど蒸発して地球を取り囲む200気圧もの厚い大気をつくりました。微惑星が残り少なくなり、衝突してこなくなると、地球は冷え始めました。最初は厚い水蒸気の大気による温室効果でなかなか冷えませんでしたが、ようやく水蒸気が雨として地表に降り注ぐまで冷えるころには、マグマオーシャンの表面は固まり、原始的な地殻をつくりました。

マントルが現在とは異なり液体であったときの対流は、当然盛んであったと考えられます。マントルがもっと冷え、固体になってからもゆっくりと対流を続けているであろうことはすでに解説してきた通りです。

このように、マントルを対流させている地球内部の熱の根源の１つは、地球誕生時の運動エネルギーです。熱の根源はもう１つあり、それは岩石に含まれるウランなどの放射性物質が崩壊して別の元素に変わるときに放出された熱で、核エネルギーに由来するものです。岩石に放射性物質の含まれる

5章 なぜ動くのか?——マントル対流とスラブ

割合は小さいものの、放出された熱は行き場がないため、地球内部をじわじわと温めるはたらきをしています。

地震波トモグラフィーで見たマントル対流

地球内部にマントル対流があることを初めに想定したのは、イギリスの地質学者アーサー・ホームズです。ウェーゲナーが没する2年前の1928年、地質学会の講演において、地球内部の熱対流を想定することで大陸移動の原動力を説明できることを示唆しました。彼は大陸移動説の支持者だったのです。

マントル対流の具体的な姿は、プレートテクトニクスの構築が進んだ時期にもわかっていませんでした。漠然と図5-3のようなイメージが描かれることもありましたが、実際とは違います。

1980年代になると、地震波の観測データをコンピュータで多角的に分析することが可能になってきました。地球内部を地震波が伝わる速さを、速度の分布図として、立体的に描

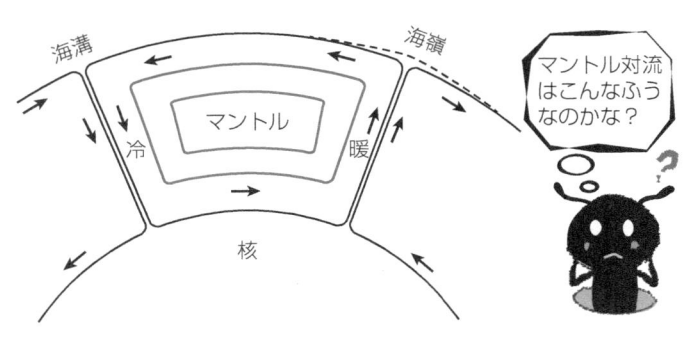

図 5-3　マントル対流の古いイメージ　ヘスによるマントル対流の図。
（『地質学の自然観』を改変）

105

き出そうというのです。この技術を**地震波トモグラフィー**と言います。

　地震波トモグラフィーは、医療技術のCTスキャンが人体の断面図を描き出すことに類似した技術です。さまざまな方向に伝わる地震波の観測結果をコンピュータで多角的に分析し、地球内部の地震波の速度の違いを、立体的なマップとして描き出します。医療技術のX線にあたるのが地震波で、X線の照射装置にあたるのが地震の震源です。しかし、CTスキャンがX線をいろいろな向きから照射するのと違って、地震の震源は1つですし、観測装置も限られた場所にしかありません。そこで、1回の地震によって生じる地震波だけではなく、多数の地震による観測データを使います。ごく簡単なモデルで説明しましょう。

　図5-4を見てください。話を単純にするため、ここでは地殻とマントルの違いを無視して考えます。地震Aの地震波は、地球内部を伝わり、(a) の各地点で観測されました。そのと

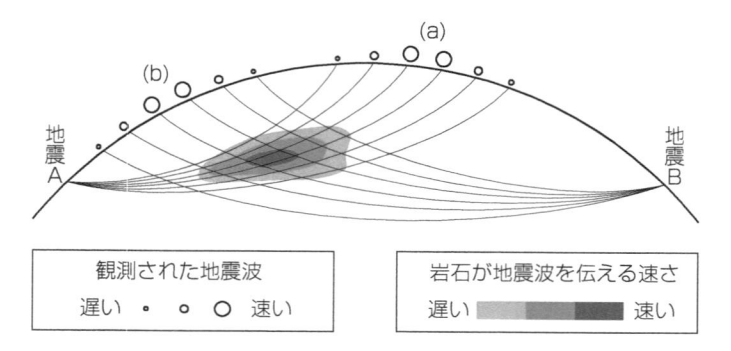

図 5-4　地震波トモグラフィーの原理　複数の地震波のデータを合わせて解析することで、交差して通った領域の地震波速度がわかる。
（『地球ダイナミクスとトモグラフィー』を改変）

❺章　なぜ動くのか？——マントル対流とスラブ

きの地震波がほかよりも速く観測された部分をほかよりも大きい○で示しています。同じように、地震Bの地震波は（b）の各地点で観測されたとします。どちらの観測結果でも地震波が速く観測された経路の交点部分（図の濃いグレー部分）は、地震波を速く伝える岩石でできていることが推測されます。2つの地震データだけでは細かいことがわかりませんが、多数の地震データを使うことで、精度（画像で言えば解像度）が向上し、地球内部の地震波の速度分布マップが得られるというわけです。使う観測データが充実しているほど、高解像度の画像として描くことができます。

　同じ岩石でも、温度が高くてやわらかい場合では、地震波の速度が少し遅くなります。ですから、地震波トモグラフィーで見た地震波の遅い部分は、温度が高く、マントル対流の上昇流がある部分と推測できます。

　図5-5は、日本の研究グループが地震波トモグラフィーでとらえた地球内部のようすです。位置がわかりやすいように、マントルの底の部分にも地図が示されています。もともと色分けしていた画像をモノクロで掲載したので、少しわかりにくいですが、地震波の速度が遅い部分（熱い部分＝上昇流）、地震波の速度が速い部分（冷たい部分＝下降流）がわかるように注釈を付け加えました。

　地震波の速度の違いをそのまま温度の違いに置き換えてよいのかという疑問もあるかと思います。温度ではなく、岩石の種類が違っても地震波の速さは変化するはずだからです。その点では議論や研究の余地がまだありますが、それまでまったく見えなかったマントルの姿が見え始めたことは、地球科学にとって画期的な進歩であったことは確かです。

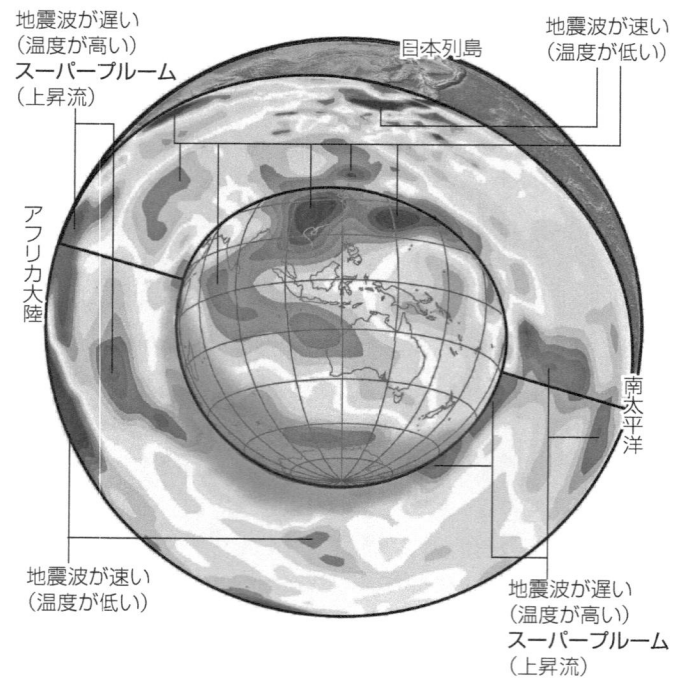

図中ラベル:
- 地震波が遅い（温度が高い）スーパープルーム（上昇流）
- 日本列島
- 地震波が速い（温度が低い）
- アフリカ大陸
- 南太平洋
- 地震波が速い（温度が低い）
- 地震波が遅い（温度が高い）スーパープルーム（上昇流）

図 5-5 地震波トモグラフィーで見たマントル

(画像：海洋研究開発機構)

温度が高い領域を見ると、アフリカ大陸の下、および南太平洋の下に大きなものがあることがわかりました。これらは大きな上昇流であることが推測されます。上昇流は、一般にプルームとよばれる形——爆弾などの爆発の熱によってできる「きのこ雲」のような形——になっていると考えられ、マントルの上昇流のこともプルームとよびます。また、とくに大きな上昇流は**スーパープルーム**とよばれます。

温度が低い領域は、日本の地下、上部マントルと下部マン

❺章　なぜ動くのか?——マントル対流とスラブ

トルの境界付近に見られ、日本の東の海溝とつながっているように見えます。これは、沈み込んだ冷たいプレートの姿です。マントルの底のほうにも冷たい領域があるのがわかりますが、これは落下した冷たいプレートであると考えられています。

　さて、地震波トモグラフィーは地球内部について重要な情報をもたらしてくれますが、ここでおさえておきたいのは、2つのスーパープルームは、地球上に鎖状に長く延びる海嶺に沿って細長く存在しているわけではないということです。すると、この章の始めに示したプレートを動かす要素のうち、「①海嶺に上昇するマントルが押し出す」力は、主な力ではないことがわかります。実際は、プレートが両側に開いて、隙間ができることによって、マントルは受動的に上昇しているのです。

　また、「③マントル対流の水平方向の流れが引きずる」力も、主な力ではないことがわかります。海嶺とスーパープルームが一致しないのならば、スーパープルームがプレートに当たって水平に流れると考えられる部分の動きと、プレートの運動方向も、一致しないからです。プレートに接するマントルは、むしろプレートの運動によって引きずられて、受動的に動くと考えられます。アセノスフェアがリソスフェアのいわば潤滑油の役割をしているのは好都合です。もし、マントルとプレートが固着していたらプレートは動けません。

　さて、個々のプレートがそれぞれ特有の運動をしていることを説明するためには、マントル対流だけでは十分ではありません。次に、「❹沈み込んだプレートの重さが引き込む」力について考えましょう。

2 プレートを引き込むスラブのはたらき

沈み込んだ海洋プレート――スラブ

　沈み込んでマントル中に入ったプレートは、すでに地球を覆う板ではないので、これからは、**スラブ**とよんで区別することにします。スラブとは、「岩盤」の意味です。

　スラブの上層をつくる地殻の玄武岩の密度は2.8g/cm^{3}であり、アセノスフェアのかんらん岩の3.3g/cm^{3}よりも小さいので、浮力がはたらきます。さらに、スラブの下層はマントルのかんらん岩ですが、海嶺でマグマを出した後の溶け残りマントルも含まれているので、もとのかんらん岩よりもやや軽い密度3.2g/cm^{3}です。

　ただし、今示した密度は、温度が同じときに比べた数字です。長時間にわたって海水により冷やされた海洋プレートは密度が大きく、負の浮力をもつようになっており、もはやアセノスフェアの上に浮いていられる状態ではありません。

　海洋プレートは、冷えることによって厚さが増し、沈み込むときの厚さは100kmにもなります。そのうち海洋地殻の占める厚さは7km程度のまま増えませんから、軽い玄武岩の割合が小さくなっていることも、プレート全体の密度の増加に貢献します。できてから数千万年間冷えると自発的に沈み込みができると見積もられており、海洋プレートが沈み込むときの平均年齢は6000万年です。

　これらに加えて、地球内部の高圧のもとで、スラブにはある変化が起こります。軽いはずの地殻がくっついているにもかかわらず、その部分がかえって重くなる「からくり」があるのです。

5章　なぜ動くのか？――マントル対流とスラブ

相転移するスラブの岩石

　地下の圧力や温度の条件で岩石にどのような変化が起こるのかは、4章でもふれた超高圧・高温実験で、詳細に調べられています。圧力が高まると、初めのうち岩石をつくる鉱物は、結晶構造が変化しないまま弾性変形し、原子間の距離が縮まります。ところが圧力がある大きさにまで達すると、結晶をつくる原子の並び方が変化し、原子間の距離がもっと小さい別の結晶構造になり、鉱物の種類が変わります。これを**鉱物の相転移**と言います。相転移が起こることにより、鉱物の密度は変化します。

　相転移が起こる圧力の大きさは、鉱物の種類によって異なり、また温度によっても異なるので複雑です。

　海洋地殻の玄武岩は、深さ数十kmまで沈み込むと、含まれているいくつかの鉱物が相転移して別の鉱物になります。こうして相転移した玄武岩は、**エクロジャイト**とよばれます。このエクロジャイトは、マントルのかんらん岩よりも密度の大きな岩石で、約3.4g/cm^{3}です。

　では、スラブのかんらん岩は、圧力が高くなるとどうなるでしょうか。初めに、スラブではなく、マントルのかんらん岩がどうなっているか、図5-6を見ながら理解しておきましょう。

　上部マントルのかんらん岩をつくる主な鉱物であるオリビンは、深さ約410kmより

111

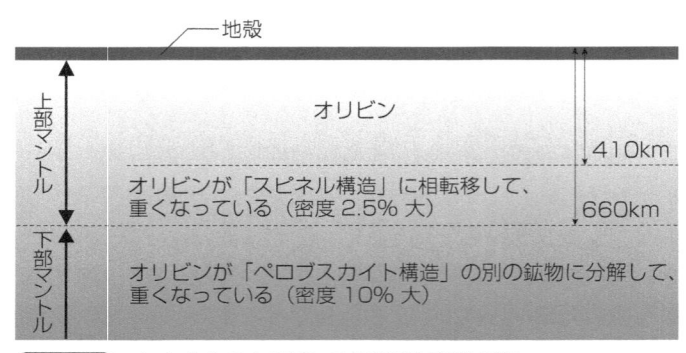

```
              ─地殻
┌──┬─────────────────────────────┐
│上│              オリビン              │
│部│                               │410km
│マ├─────────────────────────────┤
│ン│ オリビンが「スピネル構造」に相転移して、│
│ト│ 重くなっている（密度2.5％大）       │660km
│ル├─────────────────────────────┤
├──┤                               │
│下│ オリビンが「ペロブスカイト構造」の別の鉱物に分解して、│
│部│ 重くなっている（密度10％大）       │
│マ│                               │
│ン│                               │
│ト│                               │
│ル│                               │
└──┴─────────────────────────────┘
```

図 5-6 マントル中のオリビンの相転移と密度の違い

深いところでは相転移して「スピネル構造」とよばれる2.5％密度の大きな鉱物になっています。

ただし、今述べた相転移する深さは、平均的なマントルの温度条件で考えた場合であり、温度が異なれば変わってきます。温度が低ければ、410kmよりも浅いところで相転移するのです。図5-7では、マントルの深さ410kmのところに水平に点線が引いてありますが、これがマントルのオリビンがスピネル構造に変わる境界です。スラブの内部では、周囲のマントルよりも温度が低いため、この変化する境界線が浅いほうにずれているということになります。この部分が周囲のマントルより重くなり、スラブを下に引き込むわけです。

こうしてスラブは、海水で冷やされて密度が大きくなるだけでなく、沈み込んだ後、高圧のため鉱物に起こる相転移という「からくり」によって重くなり、アルキメデスの原理の逆が負の浮力として強くはたらきます。これがプレート運動の大きな原動力になっていると考えられています。

5章 なぜ動くのか?——マントル対流とスラブ

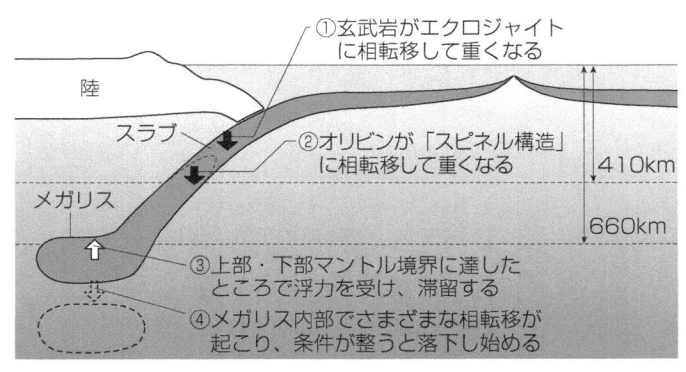

図 5-7 スラブの相転移 重くなったスラブがプレートを引き込む。

図中ラベル:
- ①玄武岩がエクロジャイトに相転移して重くなる
- ②オリビンが「スピネル構造」に相転移して重くなる
- ③上部・下部マントル境界に達したところで浮力を受け、滞留する
- ④メガリス内部でさまざまな相転移が起こり、条件が整うと落下し始める
- 陸、スラブ、メガリス、410km、660km

メガリス

マントルのオリビンは、さらに深い660km以下では、相転移して「ペロブスカイト構造」などに変化しており、これは10％も密度が大きい鉱物です。この660kmの物質の違いは、上部マントルと下部マントルの境界をつくっています。

スラブのオリビンも「ペロブスカイト構造」などに変化しますが、温度が低いと今度は660kmよりもう少し深いところでないと相転移せず、この深さではむしろ浮力がはたらきます。また、そのほかの鉱物の相転移も複雑に絡み合って、それ以上沈むかどうかが決まります。

地震波トモグラフィーで調べた結果では、沈み込んできたスラブが上部マントルと下部マントルの境界をそのまま突き抜けて落下していく場合と、境界付近で滞留する場合の2通りがあることがわかっています。図5-7に描いたのは滞留する場合です。滞留して大きなかたまりになったスラブを、**メ**

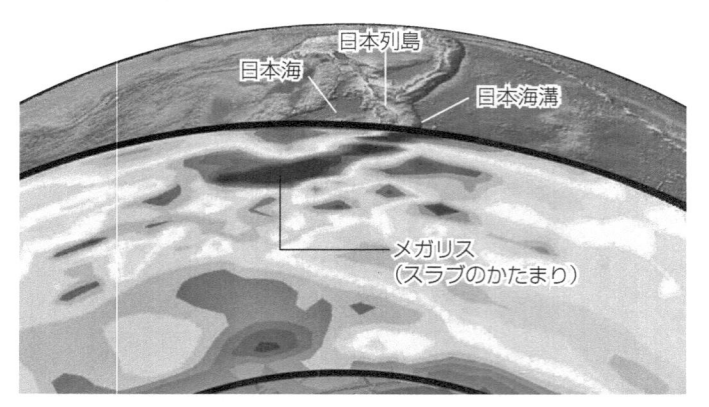

図 5-8　メガリス　地震波トモグラフィーに見られる東アジア地下のメガリス。
(画像：海洋研究開発機構)

ガリスとよんでいます。

　図5-8は日本海の地下に滞留するメガリスのようすです。日本海溝から沈み込んだスラブとつながっているように見えます。

　上部と下部のマントル境界に滞留しているメガリスも、長い時間かけて密度の高い岩石に相転移していき、密度が周囲よりも重くなるときがきます。すると、下部マントルの底をめがけて落下し始めます。メガリスの落下は、マントル内に新しい流れを生み出すので、プレート運動の大きなパターンの変化や、大陸分裂などを引き起こす可能性があります。

地球の岩石圏全体が対流する

　ここで、プレート運動の原動力がマントル対流であるという考え方と、重いスラブが引っ張る力であるという考え方について、統一的にとらえ直してみましょう。

5章　なぜ動くのか?——マントル対流とスラブ

　対流の始まりを、「マントルの上昇流」ではなく、「地球表面で冷やされたプレートがマントルの深いところに沈み込んでいくこと」と考えてみます（図5-9）。地球内部の空間は限られているので、冷たい物質が沈めば、その同じ体積分の熱いマントルが浮かび上がることになります。こう考えると、プレートが沈み込む運動は、マントル対流の原動力の一部になっていると気づきます。

　またプレートは、水平に移動するときも、単に動いているのではなく熱を放出して冷える過程にあり、それは熱による対流——下層で加熱されて上昇し、上層で冷やされて下降すること——の一部分です。地球は、内部の熱をプレートに受け渡し、プレートが海水で冷やされて海溝から地球内部に沈み込む循環によって効率的に冷え、かつ岩石圏が運動しています。このようすは、内部に熱源をもち、表面にプレートという冷却システムをもつ一種のエンジンのように見立てることができるかもしれません。

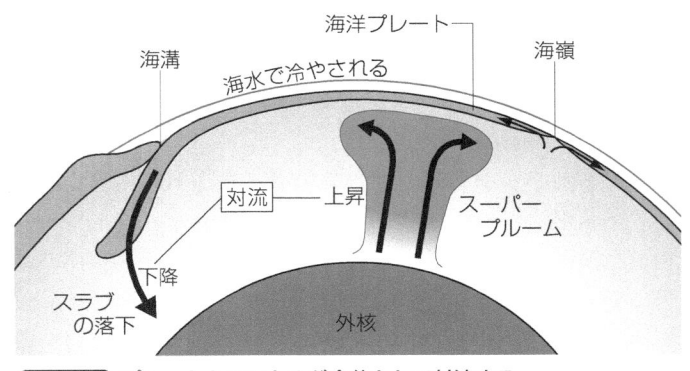

図 5-9 プレートとマントルが全体として対流する

3　ホットスポットとマントルプルーム

ハワイ諸島とホットスポット

　ハワイ諸島は、太平洋に点々と並ぶ火山島の列です。図5-10は、海底に並ぶ火山の連なりを、海上に出ていない部分も含めて表したものです。それぞれの火山が活動した年代は、ハワイ島が一番若く、現在も活動が活発なマウナロア火山がありますが、その西側のとなりにあるマウイ島では、80万年前や130万年前に活動した火山しかありません。西の島に行くほど、活動した年代が古くなっていることがわかります。ハワイ諸島のさらに西側には、海面下に沈んだもと火山島や海底火山の列が続いており、天皇海山列という名前がついています。この命名は、日本に関心があったアメリカの学者によるものです。

　ハワイ島の東側はどうなっているでしょうか？　すぐ近くの海底には、活動を始めたばかりの火山が誕生しており、将来、新たな火山島になると考えられています。そのころには、ハワイ島の火山は活動を停止するでしょう。

　このような規則性をもった火山活動は、太平洋プレートの下のマントル内に、固定した熱源——マグマの供給源——があることが原因と考えられています。このマントル内の固定した熱源を**ホットスポット**と言います。図5-11のように、ホットスポットによってつくられた火山は、太平洋プレートの運動によって西に運び去られてしまうので、その東側の位置に新たな火山がつくられます。

　ホットスポットは、マントルの細い上昇流です。上昇流の中でかんらん岩が減圧融解によって部分的に溶けたり、海洋

5章 なぜ動くのか？——マントル対流とスラブ

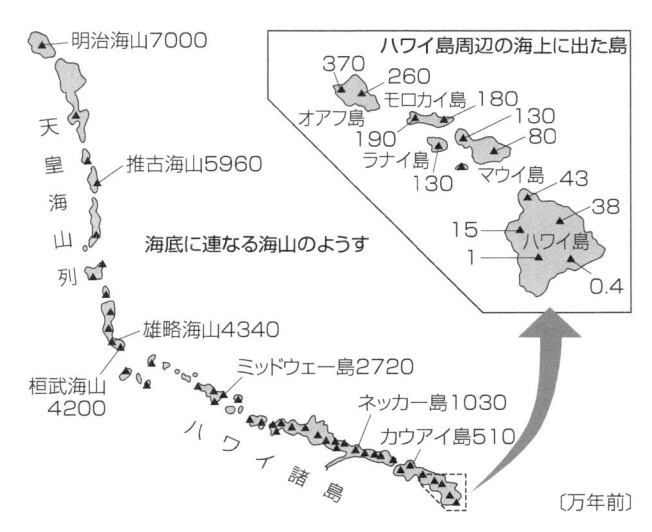

図 5-10　ハワイ諸島と天皇海山列の火山活動時期　(『地球は火山がつくった』、〈Clague, Dalrymple〉を改変)

　プレートの底に達した上昇流が熱でその岩石を溶かしたりして、マグマを生じさせます。いずれにせよできるのは玄武岩質マグマであり、海底や島の火山から流出します。玄武岩質マグマは、さらさらと流れやすい性質で、広い範囲に流れてなだらかな起伏の裾野の広い盾状火山をつくります。ハワイに見られる火山は盾状火山です。

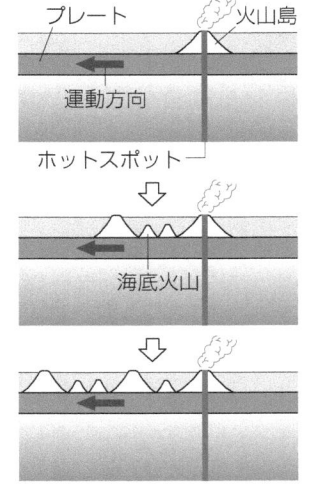

図 5-11　ホットスポット火山列のでき方

117

ホットスポットは、ハワイ諸島以外にも世界中に見られます（図5-12）。ガラパゴス諸島もその例で、中米の西側に位置するココスプレート下のホットスポットによってできたものです。大西洋やインド洋にもそのような火山列があります。北アメリカのイエローストーンなど、大陸上にも少数見られます。アイスランドは、海嶺の下にホットスポットがあり、このため普通の海嶺よりもマグマの生成が多く、島となって海嶺の活動が地上に現れている唯一の場所になっています。

　ホットスポットは、マントル内の熱く細い上昇流であると考えられていますが、現在の地震波トモグラフィーの解像度ではまだ十分解明されていません。ホットスポットの根もとがどの深さにあるのかも、はっきりしていないのです。ホットスポットの根もとは、プレートやマントルの動きに流されない、独立した位置にあると想像されます。

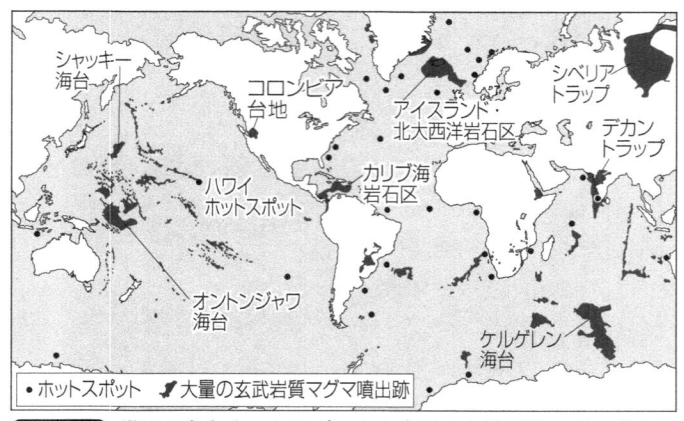

図 5-12　世界の主なホットスポットと大量の玄武岩質マグマ噴出跡
（『地球のダイナミックス』、〈松井ほか , 1996〉を改変）

5章 なぜ動くのか?——マントル対流とスラブ

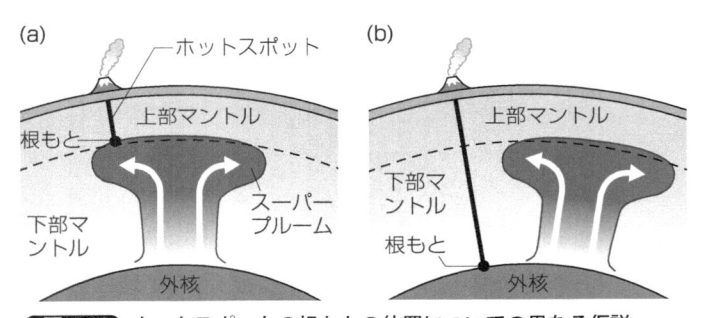

図5-13 ホットスポットの根もとの位置についての異なる仮説

　ハワイのホットスポットは、マントルの南太平洋スーパープルームの端のあたりに位置するので、仮に図5-13(a)のように描くこともできます。しかし、地震波トモグラフィーによれば、プルームの見えないところにもホットスポットはあるので、図5-13(b)のようにマントルのもっと深いところに根もとがあると考えることも可能であり、詳細は謎のままです。

　ホットスポットは、スポット（点）という名の通り、とても小さな領域だけの活動をしており、マントル内の細い上昇流であると考えられます。粘性の大きい流体中で下層を加熱して上昇流をつくる実験から、次のような過程が推測されています。初め大きなきのこ形のプルームができ、そのヘッド（頭）が地殻に達すると大量の玄武岩質マグマを生成して海底にあふれ出させます（図5-14(a)）。その後、軸の細い上昇流が残ります（図5-14(b)）。こうして残った細い上昇流がホットスポットというわけです。

　プルームのヘッドがプレートの直下に達したことによって、多量の玄武岩質マグマが噴出したと考えられる跡が、地

(a) プルームのヘッドが到達すると洪水玄武岩となる
(b) プルームの軸が残ってホットスポットとなる

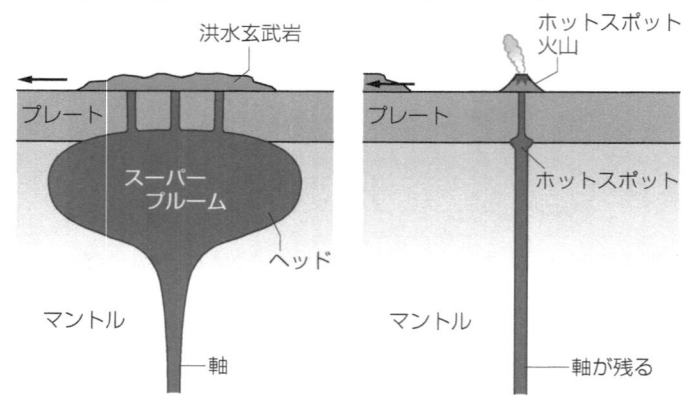

図 5-14 ホットスポットのでき方についての仮説

球上には残されています。大量の玄武岩の噴出が陸で起こった場合、**洪水玄武岩**とよばれます。

洪水玄武岩が海底に噴出した場合は、海洋地殻が非常に厚くなって、**海台**とよばれる台地状の高まりをつくります。図5-12の不定形の黒い部分として示されている南太平洋のオントンジャワ海台は、約１億年前に南太平洋スーパープルームがプレート直下に達したときに噴出した玄武岩台地と考えられています。普通の海洋地殻は７kmほどの厚さの玄武岩ですが、海台では20kmもの厚さになっています。

洪水玄武岩が陸上に噴出した跡もあります。インドのデカン高原、ロシアの中央シベリア高原が有名で、玄武岩でできた台地状の地形が日本の陸地面積よりも広い範囲に広がっています。

5章　なぜ動くのか？——マントル対流とスラブ

マントル対流の急変

　図5-10を見ると、ハワイ諸島と天皇海山列は並ぶ方向が違い、列が折れ曲がっていますね。よく見ると、天皇海山列の北の端のほうも少し折れ曲がっています。これは、折れ曲がるところの島の年齢である約4300万年前に、太平洋プレートの運動方向が突然変わったことを示しています。

　原因は、マントル対流のパターンが地球規模で変化したためと考えられます。マントル対流の大きなパターンが変わるきっかけは、上部マントルと下部マントルの境界にたまっていたスラブ（メガリス）が落下を始めたためとする説があります。メガリスの落下がマントル対流のパターンを大きく変える——この仮説は、**マントルオーバーターン**とよばれ、地球史上のいろいろな重大事件のきっかけになったと考えられています。

　たとえば超大陸パンゲアの分裂もそれにあたります。パンゲア周囲の海溝から沈み込んだ海洋プレートが、メガリスとなって大量に大陸周囲にたまっていたと考えられます。メガリスの岩石が鉱物の相転移によって重くなり、落下し始めたときに、大陸下でそれと入れ替わるようにマントルの底から新たなスーパープルームが発生し、その活動によって大陸が分裂したというわけです（図5-15）。

　現在では、ユーラシア大陸の東側はメガリスの育っている場所です。このメガリスが落下し始めたときに、プレート運動のパターンが変わるかもしれません。この仮説が正しければ、通常のプレート運動にはあてはまらなくても、新たなスーパープルームが誕生するような地球史上の特別な出来事が起こったときには「マントル対流がプレートを動かす」と言え

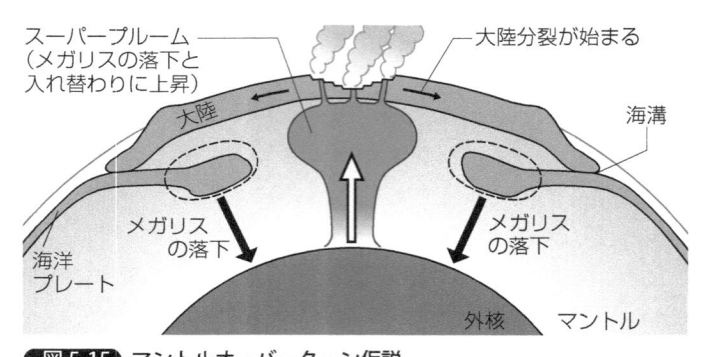

図 5-15 マントルオーバーターン仮説

ることになります。

マントルプルームとリフト帯

現在の地球上でも、大陸が分裂し始めているところがあります。それはアフリカ大地溝帯とよばれる地域です。人工衛星からの画像や地図で見ると、この地帯には、地溝に沿って湖の列が形成されているのがわかります（p.99の本章とびら）。地溝の崖の落差は1500mもあり、地溝内部には火山活動が見られます。アフリカ大陸は、大地溝帯で分裂しかかっています。陸が分裂している地帯を**リフト帯**とも言いますが、「リフト」は英語で地面の裂け目（地溝）を表す言葉です。

アフリカの地下には、アフリカスーパープルームがあり、地溝帯の活動と関連が深いと考えられます。リフト帯ができるときは、地下にマントルプルームの上昇があり、その浮力で地上にドーム状の隆起が起こり、火山活動が起こります。大地溝帯でもその過程が約1000万年前に始まり、続いて台地が引き裂かれて地溝が形成されました。大地溝帯以外の場

5章 なぜ動くのか？——マントル対流とスラブ

所にも、アフリカ大陸にはドーム状の隆起がたくさんあり、プルームの上昇が繰り返されたことをうかがい知ることができます（図5-16）。ドームの形成からさらに進展して、火山活動が起こり、次に台地が裂けて地溝ができます。

ただし別のでき方もあり、初めにくぼ地ができて台地が裂け始め、その後火山活動が起こることもあるようです。

大地溝帯を北にたどると、アラビア半島とアフリカ大陸の

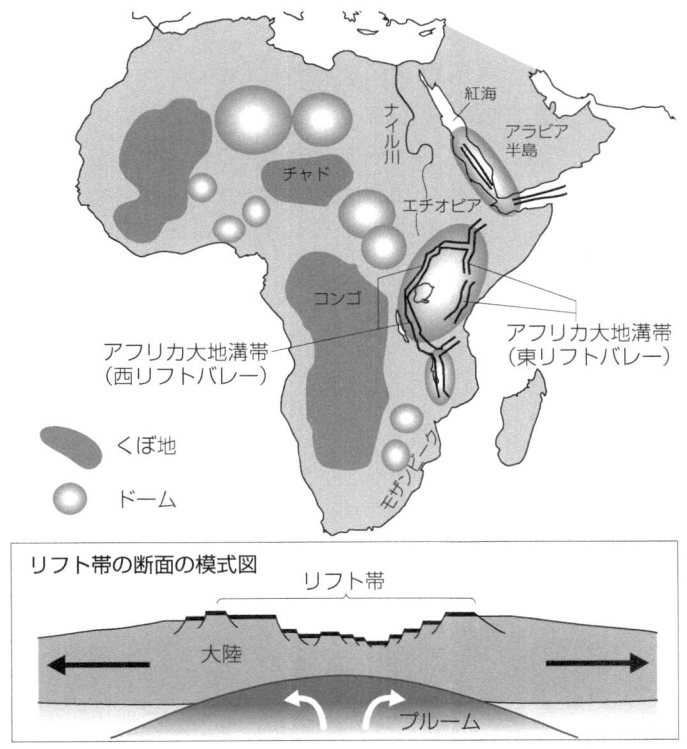

図 5-16 アフリカ大地溝帯　　（『プレート収束帯のテクトニクス学』を改変）

間に位置する紅海につながっています。紅海は、大陸の一部が裂けてできた海であり、海底には海嶺があります。

　リフト帯は、過去に活動して現在では活動が止まっているものもたくさんあり、アフリカ大地溝帯の今後がどうなるかわかりませんが、アフリカ大陸が分裂して、紅海のような海と、その海底の海嶺が形成される可能性もあります。

　実は、日本の一部は、かつてユーラシア大陸の一部だったことがわかっています。今からおよそ2000万年前ころ、ユーラシア大陸の東の端にリフト帯ができ、大陸の一部が分裂して日本列島のもととなり、その間に日本海が開き始めたと考えられます。恐竜の生きていた中生代が終わったのは今から6500万年前ですから、その当時まだ日本は大陸と陸続きであり、そのため、日本の一部でもユーラシア大陸の恐竜の化石が見つかるわけです。リフト帯ができた原因については、一時的なプルームの上昇があったと考えることもできますが、よくわかっていません。

6章 沈み込み帯で陸ができるしくみ

アリューシャン海溝へのプレート沈み込みによる火山活動によってできた島の1つ（画像：NASA）

1 海溝の背後にできる火山帯

世界や日本の火山分布

5章では、沈み込み帯のスラブがそれに続く海洋プレートを引き込んでいるという話をしました。沈み込み帯についてさらに見ていきたいと思います。

図6-1は、世界の火山の分布です。太平洋の周囲やインド洋の北の火山分布を見ると、海溝に沿うようにして、しかも一定の隙間をあけて、列をなしていることに気づきます。しかも火山の列は、海溝をはさんで、沈み込んでくる海洋プレートとは反対側、つまり海溝の背後です。海洋プレートの沈み

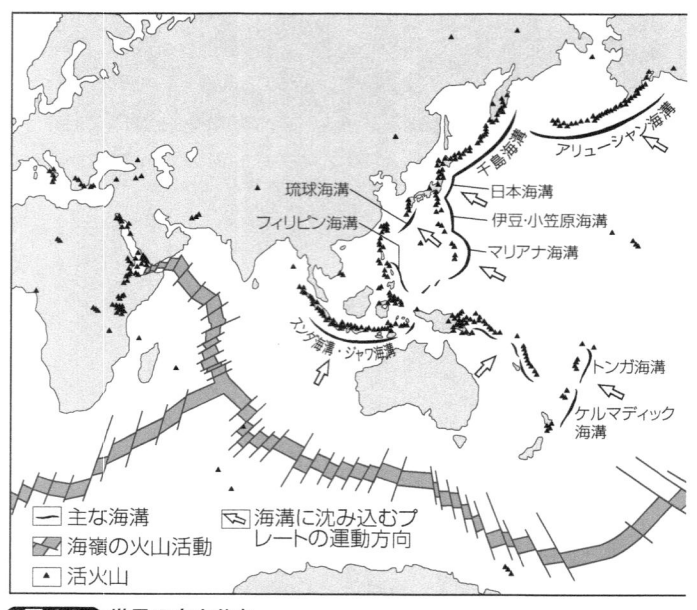

図 6-1 世界の火山分布

6章　沈み込み帯で陸ができるしくみ

込みと火山活動には、何か関係のあることがうかがえます。

日本の北東の千島海溝を見てみましょう。その西側には火山列があり、千島列島を形成しています。また、インド洋のスンダ海溝・ジャワ海溝の北側の火山列はスンダ列島を形成し、ほかの海溝でも同じような島の列が形成されています。このように海溝の背後に並ぶ島の列を**島弧**と言います。「弧」とついているのは、並び方が曲線を描き、弧をなしているからです。同じ島の列でも、ホットスポット火山は海溝とは何の関係もありませんでしたから、まったく別のメカニズムで火山ができていることが予想できます。

よく見ると、海溝そのものも弧をなしていることに気づき

海溝近くの火山は、沈み込んでくる海洋プレートの反対側（背後）に並んでいるね。

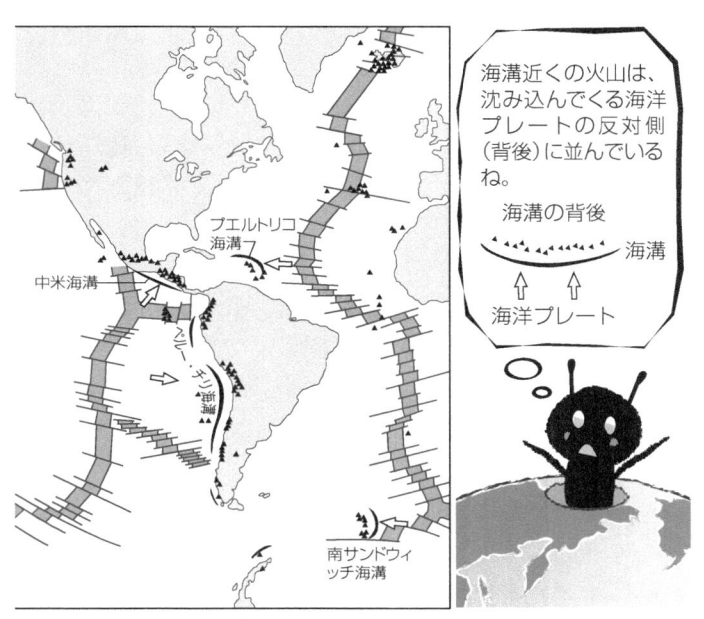

（『図説 地球科学』、IAVCEI「世界の活火山カタログ」を改変）

ます。これは、沈み込む海洋プレートが球殻状であることと関係があります。ピンポン球を指でぎゅっと押してへこませたときを想像してください。へこんだ縁のところは円になります。球殻状のものを内側へ折り曲げると、曲がり目は円になるので、プレートが沈み込む海溝の形も円の一部である弧状になることが多いのです。

さて、海溝の背後に火山の列をつくるマグマの活動は、何によって起こるのでしょう。素朴なアイデアとして、沈み込むプレートがもう1つのプレートとこすれ合う摩擦熱で溶けてマグマができる——というものがありますが、そうなのでしょうか？ 4章では、マグマができる原因として、次の3つをあげました。

① 温度の上昇　② 圧力の低下　③ 水の添加

海嶺地下でマグマができる原因は、圧力の低下（減圧融解）でした。またホットスポット火山も、マントル内に細い上昇流があるためにマグマができるので、上昇による圧力の低下が原因でした。

これに対して沈み込み帯では、3つめの「水の添加」が原因です。かんらん岩の場合、深さ100kmで水がほとんどないときでは、およそ1600℃で溶けますが、普通のマントルの温度はその深さで1300℃くらいしかないので、溶けていません。ところがそこに水がたくさん加わると、およそ1000℃で溶けるようになります。沈み込み帯には、マントルに水を運び込むしくみが備わっているのです。

海洋プレートが水を含みスラブが水を吐き出す

海嶺で枕状溶岩ができるとき、マグマに含まれるガス成分

による気泡で空隙がたくさんでき、その後、空隙は水で埋められます。空隙ができない緻密な部分も、海嶺で起こる熱水循環のため、鉱物の一部が結晶構造に水を取り入れたものとなります。さらに、プレートが海底を移動する長い年月の間にも、玄武岩が海水によって変質し、水を含むものに変化します。これら海洋地殻の玄武岩のほか、上面の堆積物や、地殻の下のかんらん岩の一部も水を含んでおり、海洋プレートが含む水の量は大量です。

水を含んだ海洋プレートが海溝から沈み込んだ後のことをこれから考えるわけですが、その前に、沈み込み帯の基本的な構造とよび名を覚えておきましょう。

沈み込んだプレートがスラブに名を変えてさらに沈み込むと、上面がマントルと接する領域に入ります（図6-2）。この領域でスラブの上側に位置するマントルは、くさび形をしているので、**くさび状マントル**または**マントルウェッジ**と言います。通常はプレートの下にあるマントルが上に来ていることに注意してください。

また、沈み込まれるほうのプレートは、スラブの上側にあるので、**上盤プレート**とよぶことも覚えておきましょう。

上盤プレートと海洋プレートは海溝近くの部分ではこすれ合いますが、火山ができるのはその付近ではなく、くさび状マ

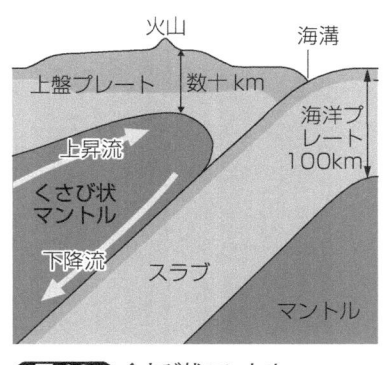

図6-2　くさび状マントル

ントルの上です。すると摩擦熱でマグマが発生するというわけではないようです。くさび状マントルはやわらかいアセノスフェアですから、スラブとの間の摩擦は小さなものです。

　くさび状マントルのうち、スラブに接する数十kmの厚さの部分は、スラブの動きに引きずられて下方へ流れています。また、それを補うように、反対側では上昇流が生じていることも特徴です。

沈み込み帯で生じるマグマ

　水を含んだプレートが地球内部に沈み込み始めると、圧力が高まることによって、枕状溶岩の空隙の水や堆積物の粒間の水などはすぐにしぼり出され、海溝のほうへもどって海底から噴出します。海溝近くの海底には、このような水が海底の堆積物といっしょになって吹き出し、海底の小山となった「泥火山」が見られます。

　スラブがさらに沈み込むと、玄武岩の鉱物中に含まれていた水がマントル側に吐き出されます。鉱物が水を含むとはどういうことでしょうか？　玄武岩に含まれている鉱物の結晶構造中には、水が「-OH」という仮の姿で結びついて存在しています。玄武岩は、圧力が高まると結晶構造に相転移が起こり、密度の大きな**エクロジャイト**になると5章で述べました。そのとき鉱物の「-OH」2つからH_2Oが遊離し、残りの原子らは並び変わって新たな鉱物の結晶になります。「-OH」という仮の姿から、もとの水の姿にもどって出てくるわけです。

　玄武岩から水が出るのは深さ数十kmですが、冷たいスラブに接した周囲のマントルの温度が低いため、まだマグマは

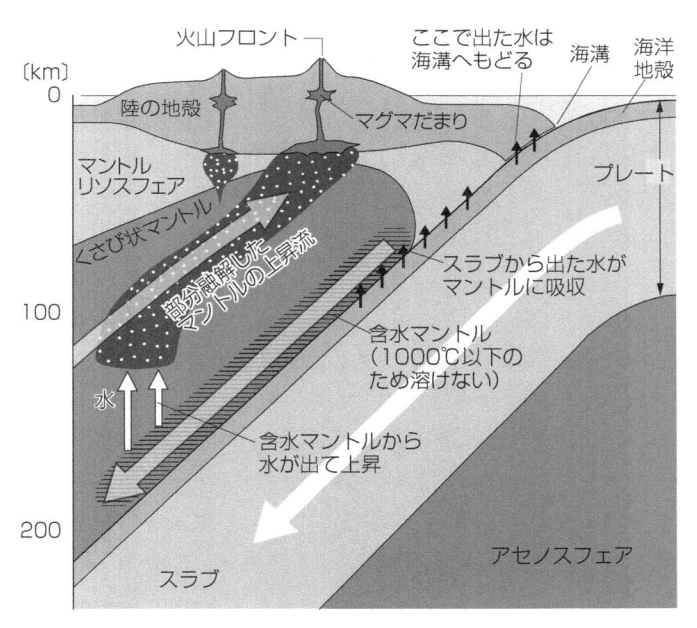

6章　沈み込み帯で陸ができるしくみ

図6-3 沈み込み帯でスラブから吐き出される水とマグマの生成

できません。部分融解の始まる目安となる温度は、すでに述べたように1000℃以上です。スラブに接するマントルは、1000℃より低い温度になっていると考えられます。一方、スラブから少し離れた上のほうは1000℃以上あります。通常は浅いほど温度は低いので、ここでは逆になっていることに注意してください。

図6-3を見てください。スラブから出た水は、マントルを溶かしませんが、その代わり、マントルのかんらん岩に含まれる鉱物を水を含む構造に変えます。スラブは水を吐き出すのに、マントル側でまた鉱物に取り込まれてしまうのはおか

しな感じがするかもしれませんが、スラブとマントルでは鉱物の性質が異なるので、このようなことが起こります。

水を含むようになった含水かんらん岩は、くさび状マントル内の下降流に乗って深いところに移動します。深さ150kmくらいに達すると、圧力が高まって水を含んでいられない状態となり、水を吐き出します。そして、この水が集まって上昇し始め、くさび状マントルの高温（1100〜1300℃）の領域に入ります。ここで初めて、マントルのかんらん岩が部分的に溶けてマグマが生じることになります。

このマグマは上昇して地上に火山をつくりますが、以前は水が吐き出される場所の真上に火山列ができると説明されていました。近年では、部分融解したマントルがくさび状マントル内の上昇流に乗って斜めに——スラブに平行に——上昇していることが明らかになっています。地震波トモグラフィーによってくさび状マントルの構造がとらえられた結果です。上昇流ですから減圧融解も起こり、マグマの生成がさらに進むと考えられます。この上昇流の最上端は地殻の底に達し、地上に火山ができます。火山が海溝から一定の距離の線上に並んで現れることから、この線を**火山フロント**（火山前線）とよびます。

上昇するマグマの変化

スラブによって水がもち込まれることやくさび状マントル内の上昇流によってかんらん岩からマグマは生じますが、その過程は、海嶺でのマグマ生成に比べてかなり複雑なものですね。マントルのマグマが地上に出る過程でも、いくつかの複雑な段階が加わり、そのときマグマの成分に変化が起こり

6章　沈み込み帯で陸ができるしくみ

ます。

くさび状マントル内で部分融解してマグマを含むようになったかんらん岩の上昇は、地殻の底でいったん止まります。その熱で地殻の岩石が溶かされると、かんらん岩からできた玄武岩質マグマと、地殻が溶けてできたマグマが混ざり合います。できたマグマは、周囲の硬い岩石に隙間をつくりながら上昇し、そしてある深さまで上昇すると再び上昇が止まり、マグマだまりをつくります。上昇するか止まるかは、周囲の岩石の密度との大小関係で決まります。

上昇する途中やマグマだまりの中では、マグマがゆっくり冷えることにより、マグマの成分のうち、結晶になりやすい成分が先に固体となって沈み、地下に取り残されます。このようにしてマグマの成分に変化が生じることを**結晶分化作用**と言います。結晶分化作用が進んだマグマは、玄武岩質マグマよりも含まれるケイ素の割合が多くなっており、性質が異なります。もっとも結晶分化作用が進んだ後のマグマは、**かこう岩質マグマ**（あるいは流紋岩質マグマ）とよばれ、ゆっくり冷えて固まると**かこう岩**という白っぽい岩石をつくりま

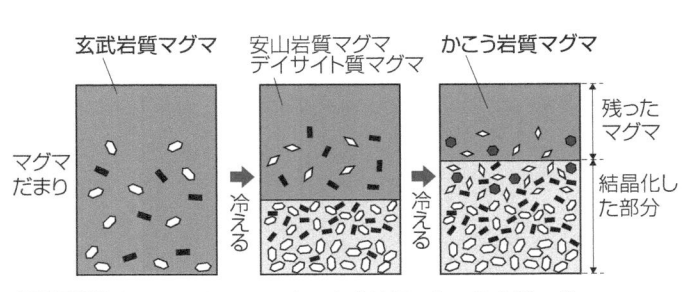

図 6-4 結晶分化作用でできる大陸地殻のかこう岩質マグマ

す。玄武岩質マグマは地上に出るとサラサラと流れますが、かこう岩質マグマは粘っこくて流れにくい性質があります。両者の中間のマグマもありますが、本書では玄武岩質とかこう岩質だけにしておきましょう。北海道の昭和新山や有珠山は、このかこう岩質マグマが地上に噴出してできた火山です。

　沈み込み帯でこのようにしてできたマグマは、地上に噴出して陸地を成長させるだけでなく、地下で固まることでも、陸地を下から成長させています。石材として使われる御影石のようなかこう岩は、地下深くでゆっくりかこう岩質マグマが固まり、鉱物の結晶が大きく成長したものです。

日本列島は沈み込み帯の火山活動でできたのか

　日本の火山フロントと海溝の位置関係を改めて表したのが図6-5です。日本海溝から沈み込んだ太平洋プレートのスラブは東北地方の火山フロントをつくり出しています。また、南海トラフから沈み込んだフィリピン海プレートのスラブは、西日本や九州に火山フロントをつくっています。日本の島嶼部も同様です。本州の南に延びる伊豆・小笠原海溝に沈み込む太平洋プレートのスラブは、伊豆・小笠原諸島の火山をつくり出し、琉球海溝に沈み込むフィリピン海プレートのスラブは、南西諸島の火山をつくっています。

　このように見てくると、日本列島は沈み込み帯の火山活動がつくり出したように思えてきます。しかしその一方で、それだけでは説明できない事実もあります。それは、日本列島の各地に、しかも山地の多くに、海底で堆積してできたはずの地層が見られることです。

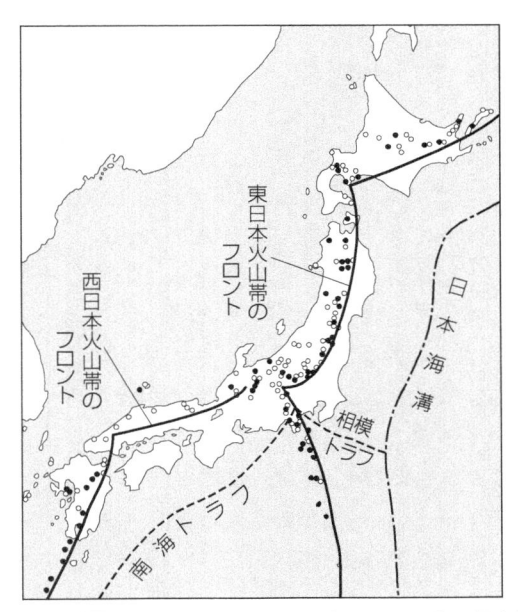

6 章　沈み込み帯で陸ができるしくみ

図 6-5 日本列島に見られる火山フロント　黒丸は活火山、白丸はそれ以外の火山。
（出典：『岩波講座地球科学 10 変動する地球』）

2　沈み込み帯の断層

日本に多い逆断層のでき方

　道路工事や宅地の造成で山を切り崩してできた新しい崖の面（露頭）には地層がよく見られます。「山の中に海底でできた地層がなぜあるのか？」と誰もが一度は不思議に感じたことがあるのではないでしょうか。地上で火山灰が降灰してできた地層もありますが、多くは、川から流れ込んだ土砂が海底に堆積してできた地層です。海底の地層がどうやって陸になるのかのしくみを解明したことは、沈み込み帯の研究に

135

おけるプレートテクトニクスの大きな成果です。

その理解のためには、地層に「応力」が加わり、断層ができる変化を知っておく必要があります。「応力」というのは、水中での水圧を拡張して考えたような、力の作用です。水圧は積み重なる水の重さで生じますが、地下の岩石中でも積み重なる重みで圧力が生じます。しかしそれだけではなく、固体は液体とは違って、となり合う分子が結合しており、その結合をある面で「ずらす」ことに力を要します。水の場合は液体なので、そのような力ははたらかず、ただ圧力によって押し合うだけです。圧力、および面をずらす力のはたらきを合わせた力の作用を、**応力**と言います。

図6-6(a)のように、岩石が上下方向と水平方向から力を受けている状況を考えましょう。力がある大きさ以下のときは、岩石は水平方向に圧縮される弾性変形をして、破壊されずにいます。

また、図のように水平方向の力と上下方向の力が大きく異なるとき、面をずらそうとする力を含む応力がはたらきます。その応力の大きさが、岩石が弾性変形して耐える強度を超えると、ある斜めの面でずばっと割れてずれ、力が大きかった水平方向に長さが縮んで弾性変形が解消します。1つの面が割れただけですから、もっとも少ない岩石の破壊で弾性変形が解消されたことになります。

こうしてできる断層には名前がつけられており、**逆断層**と言います。なぜ「逆」から先に説明したかというと、日本のようなプレートの収束帯は、プレートどうしが押し合う場所であるため、逆断層が多いからです。逆断層ができると、上下方向に厚みが増すことも重要です。逆断層は土地を高くす

⑥章　沈み込み帯で陸ができるしくみ

(a) 逆断層

水平方向に押す力が大きい

小 ↓
大 ⇒　　⇐ 大
小 ↑

弾性変形

この面をずらす応力が生じる

破壊

ずり上がる

上下の厚みが増す

→ 水平方向に縮む ←

逆断層では上下の厚みが増す。

(b) 正断層

水平方向に押す力が小さい

↓ 大
小 ⇢　　⇠ 小
↑ 大

ずり下がる

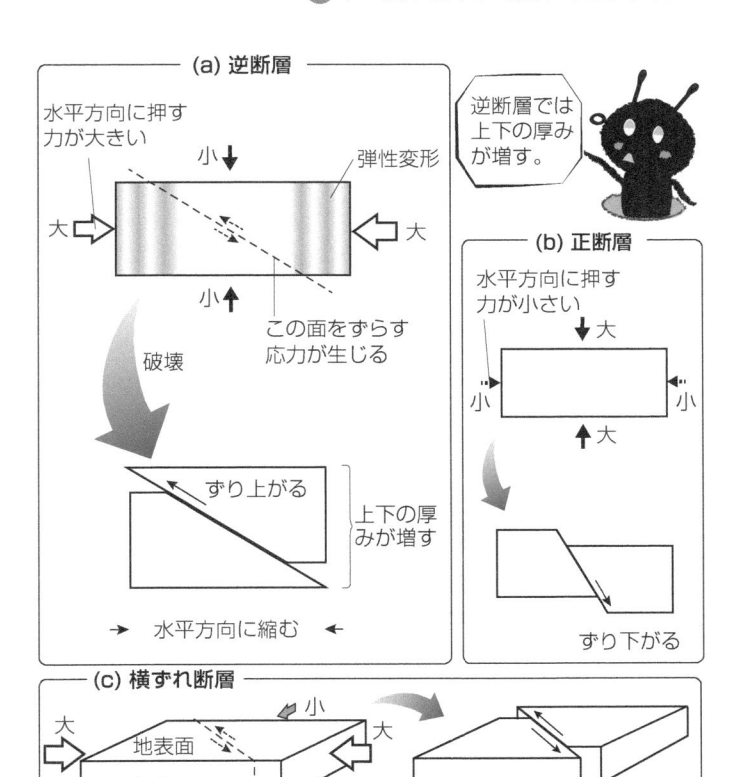

(c) 横ずれ断層

大 ⇒　地表面　⇐ 小
　　　　　　　小　　大

図 6-6　逆断層と正断層・横ずれ断層

る作用があります。

これとは反対に、図6-6(b)のように水平方向の力が小さい場合は、どうなるでしょうか？　やはり割れてずれますが、先ほどとはずれ方が反対です。これを**正断層**と言います。地下では上下左右から力が加わりますから、水平方向の力が弱まって上下方向の力が変わらないとき、正断層ができます。

137

水平方向に引っ張る力がはたらいたときに正断層ができると言い換えてもよいでしょう。土地がずり下がるような変化であることも、逆断層とは反対の変化です。このほか、(c)のように水平方向にずれる横ずれ断層もあります。

浅いところで断層ができると、地上に断層が現れて段差になることもあります。兵庫県南部地震（阪神・淡路大震災）では、断層による1.2mにもなる段差が地表に現れました。しかし、地下深くでは、高圧で岩石がびっしり詰まった空間ですから、どこかに段差ができて隙間があいたりはしません。断層の端のほうでは、周囲の岩石が少しずつ弾性変形して断層のずれの長さを少なくしていると考えられます。

プレートに生じる断層

海溝からプレートが沈み込む境界は、逆断層の一種です。図6-7は、海洋プレートが水平方向に押し縮められる力を受け、大きな逆断層が生じる過程を模式的に示したものです。逆断層がさらに動いていくと、下側になったプレートがアセノスフェア中に沈み込み、海底の境界が海溝になります。

図 6-7　海溝での沈み込みは逆断層

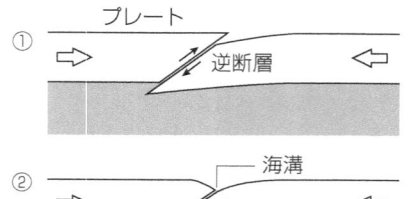

① プレートが水平方向に圧縮され大きな逆断層が生じる

② 逆断層が大きくずれ、プレートが沈み込む

6章　沈み込み帯で陸ができるしくみ

ところで、平らだった海洋プレートは、海溝に近づくにつれて徐々に曲がっていますが、硬くて変形しにくいのがプレートであるのに、どのようにして曲がるのでしょうか。

プレートが海溝に近づいて曲がり始めると、図6-8のように上面では長さが伸びます。すると上面の岩石には引き伸ばす力がはたらき、正断層ができます。海溝に近づく海洋プレートは、断層をたくさんつくりながら、徐々に曲がっていくわけです。この結果、海溝に到達した海洋プレートの表面は、正断層群により、図のような地溝状の地形ができています。これを**ホルスト・グラーベン構造**と言います。

①海溝へ近づくとプレートが曲がる

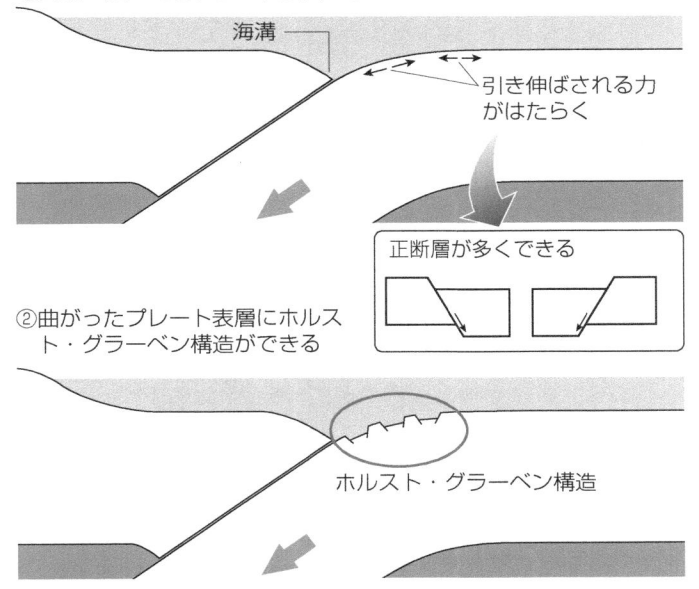

②曲がったプレート表層にホルスト・グラーベン構造ができる

図6-8　断層ができながら曲がる海洋プレート

海洋プレートが海溝に近づいたときのようすを、今述べた正断層群も含めてまとめてみましょう。厚さ100kmに達するプレートの下層から中層までは、マントルのかんらん岩でできており、これが厚さの9割を占めます。ただし、若い海洋プレートと古い海洋プレートではこの厚さには差があり、もっと薄い場合もあります。その上に、厚さ7km程度の地殻の玄武岩層があり、特に上部は玄武岩が枕状溶岩になったものです。一番上には、ときに厚さ数百mに達するチャートの層があります。このような層をなした構造がホルスト・グラーベン構造によって凹凸になっています。

　また、海洋地殻上面の地形としては、今述べたホルスト・グラーベン構造だけでなく、これまで述べた中では、ホットスポット火山や海台、海嶺でマグマが噴出してできた小さな火山、トランスフォーム断層によってできた断裂帯もあります。

　さて、このような海洋プレートが海溝へ沈み込むとき、すでに述べた火山活動以外に何が起こるのでしょうか？

3　陸をつくるはたらき ── 付加作用

海溝で起こる付加作用

　1970年代、アメリカ西海岸に分布する地層の研究をもとに、地上の地層をプレートテクトニクスで説明するモデルがつくられました。これはまさに、海底でできた地層がなぜ陸で見られるかという話です。図6-9はその概念図です。

　海洋プレートは、上面の枕状溶岩の玄武岩の上に、遠洋性堆積物を数百m積もらせています。また、海溝には陸からの土砂が堆積しています。海溝で海洋プレートが上盤のプレー

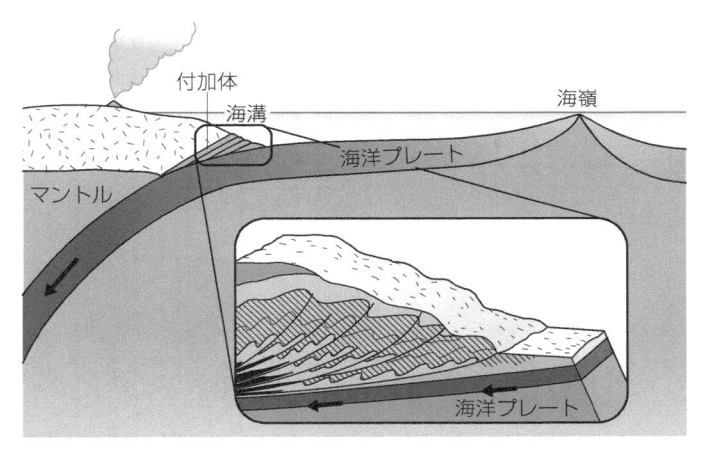

6章　沈み込み帯で陸ができるしくみ

図 6-9　付加体の概念　海洋プレート上層の海洋地殻の一部とチャート、陸性の堆積物が引きはがされ、海溝で陸側に付加する。
〈Seely, 1974〉などを改変

トに押しつけられるときに、図6-9のように海溝の縁で海洋プレートの表面が引きはがされて陸側に付け加わります。こうして陸側に付け加わった地質体を**付加体**と言います。

付加体ができる過程をもっと詳しく見てみましょう。図6-10のようなモデルで考えます。海洋プレートが海溝の縁に達したときに、プレートの表層が、へらでこそぎとられるようなイメージです。こそぎとられる地層は、水平方向に圧縮する力がはたらくため、逆断層ができて斜めに切れながら、切れた地層がいくつも積み重なっていきます。図6-10のように、実験室で砂を使って地層のモデルをつくり、でき方を確かめることもできます。

付加体がどんどん積み重なって厚くなると、海底は厚みが増し、やがて陸になると考えられます。付加作用が実際に起

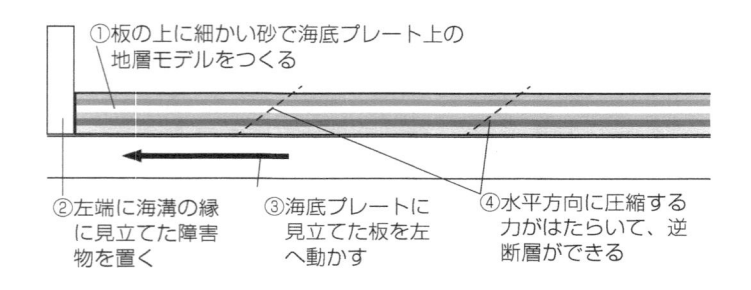

①板の上に細かい砂で海底プレート上の地層モデルをつくる

②左端に海溝の縁に見立てた障害物を置く

③海底プレートに見立てた板を左へ動かす

④水平方向に圧縮する力がはたらいて、逆断層ができる

⑤逆断層によって切れた地層が積み重なる

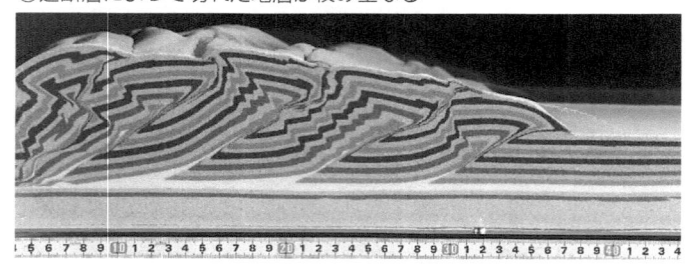

図6-10 海洋プレートの上層を引きはがすモデルによる付加体の形成のしかた （画像提供：山田泰広准教授（京都大学）／撮影協力：名古屋市科学館）

こっていることを証明できれば、海でできた地層がなぜ陸に見られるかという大問題をプレートテクトニクスが解き明かしたことになります。この付加作用の考え方は、1970年代の日本でも一部の地質学者に大きな刺激を与えました。

放散虫革命による日本の新時代の到来

1970年代の日本の学界は、主流派がまだ古い《地向斜》の学説を捨てきれずにいたことについて2章でも少しふれました。《地向斜》の学説というのは、陸が流水に浸食されることによって生まれた大量の土砂が海に流れ込み、堆積し続

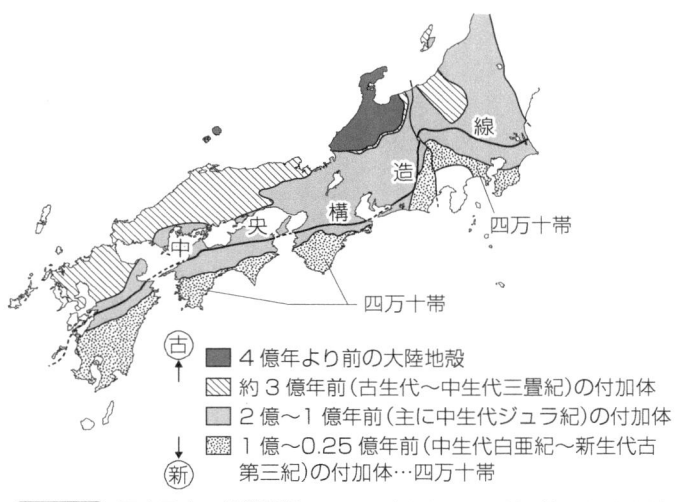

6章 沈み込み帯で陸ができるしくみ

図6-11 西南日本の地質区分　　〈大鹿村中央構造線博物館資料〉を改変

- ■ 4億年より前の大陸地殻
- ◰ 約3億年前(古生代〜中生代三畳紀)の付加体
- ▨ 2億〜1億年前(主に中生代ジュラ紀)の付加体
- ▩ 1億〜0.25億年前(中生代白亜紀〜新生代古第三紀)の付加体…四万十帯

けることで厚い地層ができ、その層が地球内部に向かって厚くなっていき、さらに深くへと沈んだ地層の岩石がやがて地球内部の熱で変化してマグマとなり、その活動で海底全体が隆起し始めて山脈を形成する、という考え方です。

　図6-11は、西南日本の地質区分です。時代ごとの地質体が、帯状に分布しているのが特徴です。この中で四万十帯とよばれるところに注目します。そこに見られる地層は、玄武岩、遠洋性堆積物からできたチャート、陸性の土砂からできた堆積岩からなっており、それらが繰り返し現れるという特徴をもっています（図6-12）。

　《地向斜》に基づいて考えると、四万十帯の地層の繰り返しは下から順に形成されたことになり、海底に溶岩が流れ出した時期→遠洋性の堆積が進んだ時期、陸からの堆積が進ん

143

だ時期→海底に溶岩が流れ出した時期→……というように同じパターンの出来事が何度も繰り返されたと説明されました。また、きわめて厚い地層なので、非常に長い年月で堆積してできたとされていました。

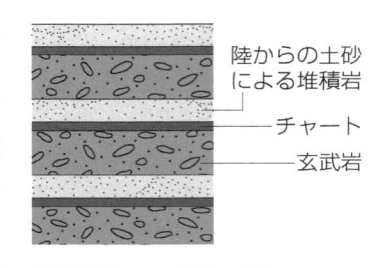

図 6-12 四万十帯の地層

一方、1980年代の初めに、日本でもすでにプレートテクトニクスの考えに立っていた非主流派の研究者らは、四万十帯などに見られる地層の繰り返しは、プレートテクトニクスの付加作用の結果できたという仮説の実証に取り組み、成功しました。その過程で、《地向斜》の考え方が主張する、「四万十帯の地層はすべて下から順に堆積」は間違いであることが明確になったのです。

決め手になったのは、遠洋性プランクトンの堆積物からできたチャートの地層に含まれる、**放散虫**という0.2mmほどのプランクトンの殻の化石です。この生物は、6億年前ころに現れ、その子孫は現在でも見られます。それまでほとんど進化が見られないと漠然と考えられていたのですが、実は速

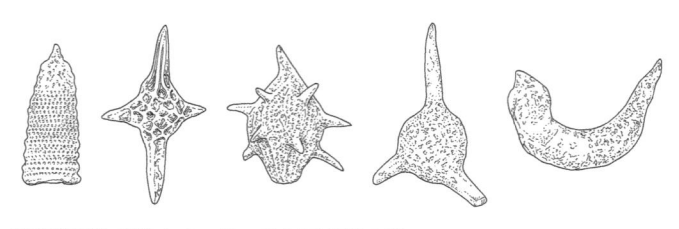

図 6-13 放散虫のいろいろな形の殻の例

6章　沈み込み帯で陸ができるしくみ

い速度で進化していて、数百種類もある形（図6-13）を時代ごとに識別できることが明らかになったのです。それまで大型の示準化石が出なくて年代が不明確だった地層の年代が精密にわかるようになりました。

　その結果、それまで《地向斜》では非常に長い年月で堆積してできたとされていた四万十帯は、実はすべて中生代後半より後にできたものであることが明らかになりました。もとは１つであった地層が、逆断層によって切られて、それが何段にも積み重なっているため、きわめて厚い地層のように錯覚していたのです。放散虫による時代同定の手法が開発されたことによって《地向斜》の理論は完全に破綻し、地質学が生まれ変わったこの出来事を、**放散虫革命**とよぶことがあります。これをきっかけに、日本の学界もプレートテクトニクスへと大きく舵を切ったのです。

　四万十帯は、それが付加体であるという証明が1980年に平朝彦ら日本の研究者によって世界に紹介され、世界でもっともよく解明された付加体として有名になりました。

　現在の日本で付加体が形成されているのは、九州の東沖から四国・紀伊半島・東海地方の南沖へと延びる**南海トラフ**という名の海溝です。「トラフ」はもともと谷を表す言葉ですが、浅い海溝を指して使われています。南海トラフが浅いのは、陸から流れ込む堆積物が多く谷を埋めていることと、沈み込んでいるスラブが若くて軽いので、浅い角度で沈み込んでいることが原因です。

　沈み込み帯における付加作用は、陸をつくる重要なはたらきと考えられるようになりました。海洋プレートの上面が削られて付加体になることで陸が成長するというわけです。

珊瑚礁や海山の付加

　付加作用が実際に起こっている証拠は、身近なところにも見られます。チャートは日本のあちこちに分布するので、何気ない場所に石ころとして落ちていたりしますが、これはかつて海洋プレート上に堆積した遠洋性プランクトンに由来することはすでにふれました。海底でしかできない石が日本の陸で見られるのは、日本が付加作用によって形成されてできたことを裏付けるものです。

　また、観光の名所となる場所に、鍾乳洞というものがあります。石灰岩でできた土地が水の浸食を受けることによって地下に洞窟ができ、その洞窟の中には、水に溶けた石灰岩が再結晶してできたつららのような鍾乳石が見られる場所です。規模が大きく有名な山口県の秋吉台や四国カルストの石灰岩は、珊瑚礁に由来するものであることがわかっています。珊瑚礁の石灰岩が陸で見られるまでの過程は次のようなものです。

　海洋プレート上にホットスポット火山の島または海山があり、この島が南の温かい海にある時代に頂上部または周囲に珊瑚礁が発達します（図6-14）。サンゴの骨格は石灰岩と同じ成分で、珊瑚礁が発達すると石灰岩の岩体ができます。これがプレートの移動とともにユーラシア大陸の東の端にやってきて、海溝から沈み込むときに付加体になったと考えられるのです。石灰岩の岩体のそばには、ホットスポット火山をつくった玄武岩も見つかり、珊瑚礁が島といっしょに付加したことを示しています。

　現在の海溝でも、海山が沈み込みつつある場所がいくつか

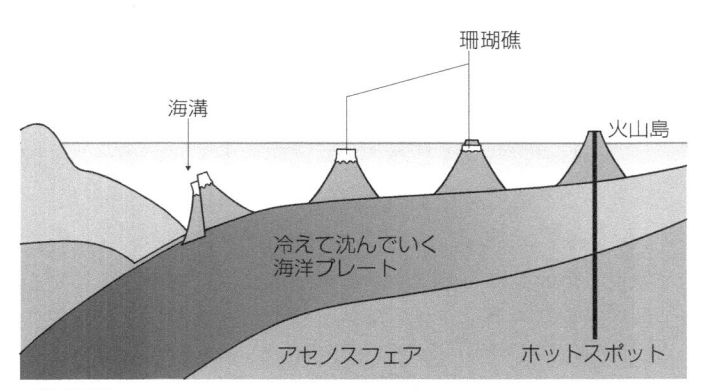

6 章 沈み込み帯で陸ができるしくみ

図 6-14 ホットスポット火山の珊瑚礁が付加する過程

あります。その１つは日本海溝にある第１鹿島海山とよばれる海山で、海溝に半分落ち込んでいます。プレートが曲がるとき、プレート上面で引き伸ばしの応力によって正断層群ができることをすでに述べましたが、海山はこの応力で断層ができ、真っ二つになっています。

現在形成されている付加体を調べると……

付加作用が陸を成長させるという考えについて、その後、見直さなければならない事実が出てきました。現在海溝近くで形成されつつある海底の付加体を**現世付加体**と言います。現世付加体を掘って調べてみたところ、陸からのやわらかい土砂などの堆積物ばかりでした。

堆積したばかりのときはやわらかい地層でも、長い年月のうちには、硬い岩石に変化します。砂粒などの間にある水が圧力で押し出され、残ったわずかな隙間は、岩石の成分が一度水に溶けてから再結晶して埋めていきます。堆積物が岩石

147

になるまでの過程は**続成作用**とよばれます。

　海溝近くの現世付加体は、堆積して間もない土砂を含むので、まだやわらかいのですが、時間が経てば続成作用が進んでしっかりとした陸をつくる岩石になります。ですから、問題はそのことではありません。現世付加体には、海洋プレート上層の海洋地殻の玄武岩やチャートが含まれていなかったのです。その上にある陸からの堆積物とは、陸をつくる岩石が水のはたらきで削られて土砂となり、流れ着いたものですから、海溝の縁で起こる付加作用は陸を「新たにつくり出す」はたらきはしていないことになります。ただし、陸の岩石を「リサイクル」して陸にもどすはたらきをしているとは言えるでしょう。

　プレートは海洋地殻やチャート層を引きはがすどころか、海溝で上面にたまった陸性の堆積物の一部も乗せたまま、海溝から内部に沈み込んでいるようです。図6-15を見てくだ

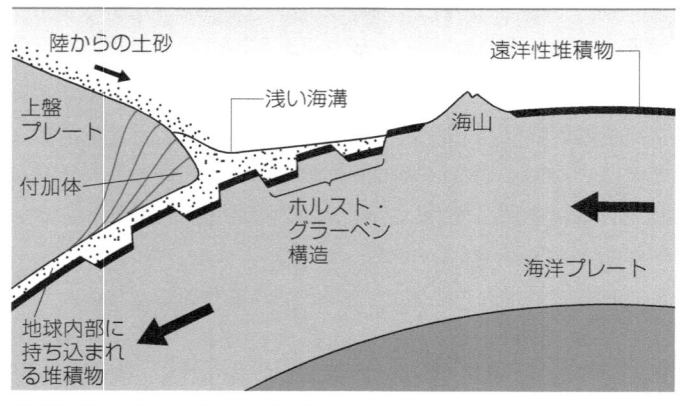

図 6-15 陸からの堆積物が海洋プレート上面の凹凸を埋める

さい。海溝に近づいた海洋プレート上面には、正断層群によるホルスト・グラーベン構造があります。陸から海溝へ流れ込む堆積物の厚さが500mを超えると、これらの凸凹の凹の部分はすべて埋められて平らになります。プレートは堆積物を乗せたまま、海溝から沈み込みます。凹みに入らなかった余分な陸性の堆積物だけが、海溝の縁で陸側に付加すると考えられます。これでは陸を成長させてはいませんね。

一方では、四万十帯に見られる過去の付加作用によってできた地質帯には海洋地殻やチャートも含まれているという事実があります。では、海洋地殻やチャートはどのようにして付加体になるのでしょうか？

もう1つの付加作用──底付け作用

その後、海洋プレートの玄武岩やチャート層は、海溝からもっと地球内部に沈み込んだところで引きはがされるとする仮説が出てきました。モデル図として、図6-16のように表すことができます。Ⓐは海溝の縁でできる付加体ですが、Ⓑは沈み込んだ後にスラブ上面の堆積物層やチャート層、海洋地殻が付加体になったものです。断層によって切られながら積み重なるのは海溝の縁で起こる付加作用と同じですが、下から付け加わるようにして付加するので**底付け作用**とよばれています。

海洋地殻の玄武岩層が付加する際のメカニズムは、筆者（木村）らによって仮説が立てられ、裏付けも得られています。玄武岩層の一番上は枕状溶岩の層です。この層は、海底に溶岩が流れ出してできたものなので、海水の入った空隙がたくさんあって強度が弱くなっています。その表層は、長い年

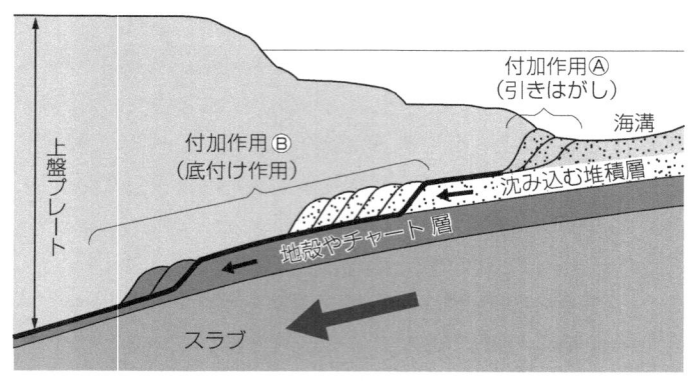

図6-16 いろいろな付加作用によってできる付加体

月のうちに海水から沈殿した鉱物で空隙が埋められていきます。ところが、枕状溶岩層の奥のほうへは沈殿が届きません。すると、枕状溶岩層の奥の層だけが強度の弱い空隙を残したままの構造になると予想されます(図6-17)。実際に海底の海洋地殻を調べると、そのような結果が出てきました。この強度の弱い層を境にして枕状溶岩の表層がはがされ、底付け作用で付加するというわけです。

図6-18は、沈み込むスラブ上面の堆積物と枕状溶岩の地層、およびその上の上盤プレートの境界を表しています。①のAは上盤プレートとスラブが滑っている境界面です。Aの面でスムーズに滑っているうちは付加は起こりません。

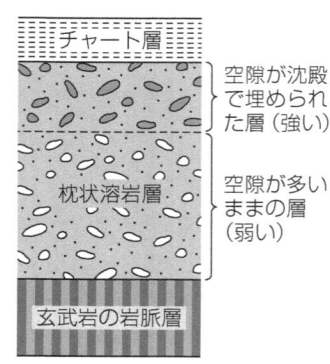

図6-17 海洋地殻上層の強度

6章 沈み込み帯で陸ができるしくみ

ところが何かによって滑りが妨げられると、図の②のように滑る面が別の面にジャンプします。潜在的に強度の弱かったBの面が破壊されて、その面で滑るようになるのです。Bは先に述べた枕状溶岩の強度の弱い層です。Bの面が滑ると同時にスラブ上面の地層に逆断層ができ、断層の面も滑ります。

① Aの面で滑っている　（ — は滑っている面、░は強度の弱い層）

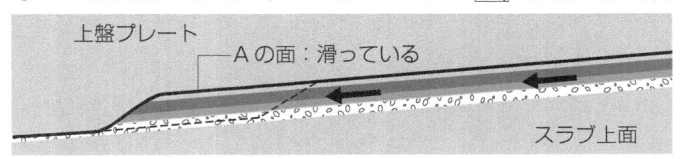

上盤プレート
Aの面：滑っている
スラブ上面

② Aの面が滑らなくなり、滑る面がAからBにジャンプする

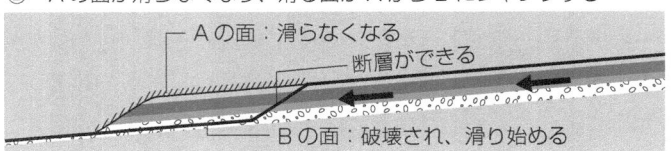

Aの面：滑らなくなる
断層ができる
Bの面：破壊され、滑り始める

③ 地層が積み重なり、新たな断層ができる

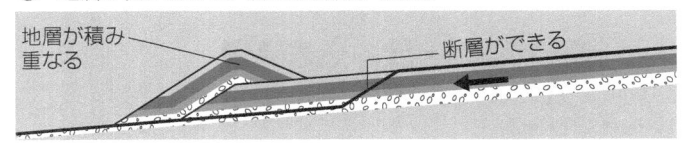

地層が積み重なる
断層ができる

④ 繰り返され、デュープレックス構造となる

デュープレックス構造

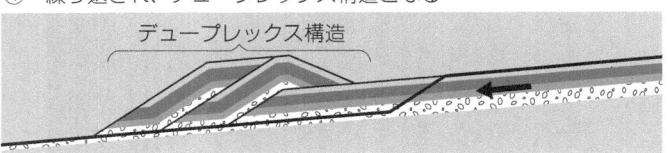

図 6-18 底付け作用によるデュープレックス構造のでき方

そのまま滑ると、図の③のように地層が積み重なります。その滑りが妨げられると、枕状溶岩の弱い層がまた破壊されて、滑る面のジャンプが再び起こります。そして同じ過程が繰り返され、図の④のように地層の積み重なった、**デュープレックス構造**とよばれる構造ができあがります。「デュープレックス」は「二重」の意味です。四万十帯の地質体からは、実際にこのデュープレックス構造が見つかっています。

　このようにして、海洋プレートの表面は、海溝から深く沈み込んだ後に引きはがされ、下側から付加体になっていると考えられます。底付け作用によってできた付加体は、上盤プレートの一部分になります。上盤プレートは何重にも底付けされ、しだいに下から厚くなり、陸の地殻を厚くしていきます。下から底付けされて厚くなった地殻は、水のはたらきで上のほうから削られるので、やがて底付けされた付加体の地層も地上に顔を出します。地下深くの高圧にさらされて、変成岩とよばれる岩石に変化している場合も多く見られます。こうして、陸地のいたるところで地層は見られるのです。

4　削られる陸・沈み込む海嶺

造構性浸食作用

　世界の海溝の中には、海溝付近での付加作用が見られないものが多くあります（図6-19）。東北日本の東にある日本海溝も、かつては付加作用が起こっている海溝と思われていましたが、現在では見方が変わっています。もしも付加作用が起こっているのであれば、日本海溝陸側の付加体ができそうな場所では、押しつける力で逆断層ができるはずですが、実

6章 沈み込み帯で陸ができるしくみ

際には正断層が多く見られるのです。

付加体ができない海溝で起こっているのは、付加作用とはまったく逆の現象です。海洋プレートが陸側のプレートを削り取り、その削り取った陸の岩石や土砂を地下に運び込んでいます。これを、**造構性浸食作用**と言います。日本海溝では、海溝の陸側が削り取られた分、付近の海底がずり下がって正断層ができたと考えられます。

むしろ造構性浸食作用のほうが、付加作用よりも海溝に一般的な現象なのかもしれません。

世界の海溝を調べた結果、海溝堆積物の厚さが500mを超える海溝では付加作用が進行し、それ以下では浸食作用が進行することがわかりました。この500mという数字には、次

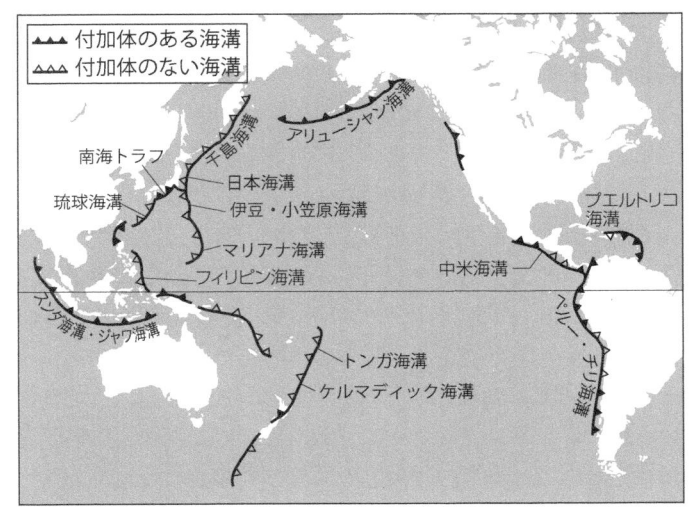

図 6-19 付加体のある海溝・ない海溝
(〈von Huene and Scholl, 1991〉、ほかを改変)

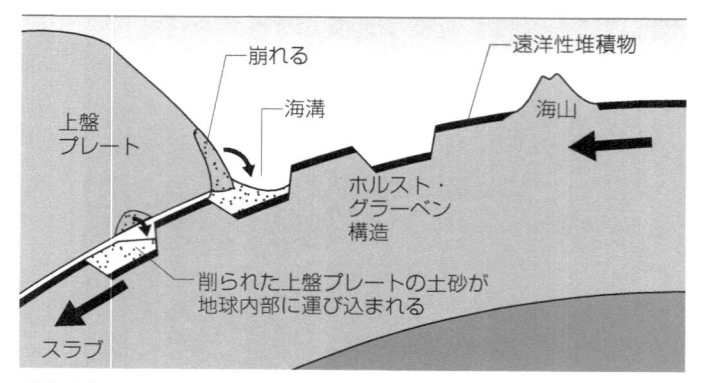

図6-20 造構性浸食作用

のように海洋プレート上面の地形との関連が見い出せます。

　プレートが海溝に近づいて曲がり始めると、プレートの上面に正断層群によるホルスト・グラーベン構造ができることにはすでにふれました。この凹凸の高低差が500mくらいあります。陸からの堆積物が多い場合は、前掲の図6-15のように、凹部分はすべて埋められてなお堆積物が余る状態になり、海溝入り口での引きはがしによる付加が起こります。

　これに対して海溝の堆積物が少ない場合は、凹部が埋まらないままなので、海洋プレートの上面が凸凹した状態です。すると、図6-20のように、この凸凹によって海溝の入り口で上盤プレートが崩されてしまい、崩れた土砂は海洋プレート上面の凹部に流れ込み、そのまま地球内部に運び込まれていくことになります。とくに、海山などの大きな突起物が海溝に来たときは、その沈み込みによって海溝の陸側が大きく崩され、その土砂が凹部に入って地下に運び込まれます。こうして、海溝の陸側がどんどん削られて地球内部に運び込ま

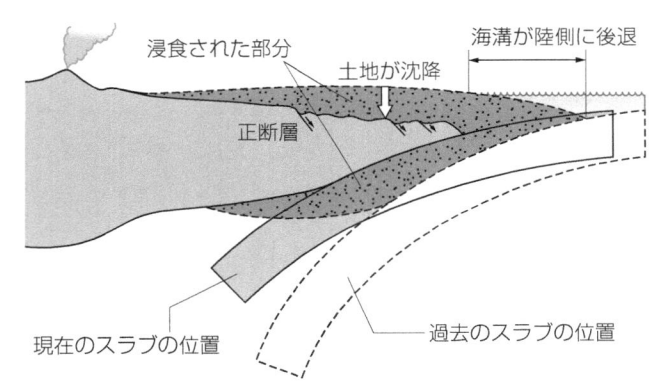

6 章　沈み込み帯で陸ができるしくみ

図 6-21 造構性浸食作用による陸の削り込み

れるのが造構性浸食作用です。削られた上盤プレートは図6-21のようにしだいに薄くなり、沈降していくことになります。

この作用によって地球内部に運び込まれた土砂の一部は、深部で底付け作用によって再び付加している可能性もないとは言えませんが、よくわかっていません。運び込まれた別の一部は、スラブとともにマントルの深部に沈んでいく可能性もあります。もし自分がつけているペンダントを海溝の海に投げ込んだとすると、数千万年か数億年かかって、それがマントルの底まで運び込まれるかもしれない――と考えると、地球の表面から深部にいたる岩石圏の物質循環のダイナミックさに改めて気づかされます。

日本海溝で造構性浸食作用が進んでいるならば、東北日本の付加体はどうやってできたか不思議に感じますが、現在はともかく過去には付加作用が進行していたということです。過去にできた付加体が現在は浸食されているのです。

155

付加作用か造構性浸食作用かを決めるのは、海溝の堆積物の厚さであるとする説が正しいとすると、土砂を海溝にもち込む前提となる陸での浸食作用の大きさも、影響をおよぼしていることになります。雨が多ければ水による浸食作用は大きくなります。つまりそれは、その地域の「気候」が岩石圏の循環に影響を与えていることを示唆しています。

海嶺の沈み込み

　沈み込み帯における現象の中で、陸ができる作用とは異なる現象をもう1つ紹介しておきます。図2-12で、日本付近のプレート分布図をもう一度眺めてみましょう。南海トラフに沈み込んでくるフィリピン海プレートには、海嶺がないことに気がついていた人もいるでしょうか？　海嶺がなければ海洋プレートはつくられませんから不思議ですね。実はフィリピン海プレートをつくった海嶺は、1500万年前まではありましたが、活動を停止して南海トラフから沈み込んでしまったのです。海嶺が海溝から沈み込むのは一大事のように思えます。そのとき何が起こるのでしょうか。

　プレートの分布図をよく見ると、海嶺と海溝が直接ぶつかっている場所が見つかります。ペルー・チリ海溝の南の端のほうです（図6-22）。そこでは、南極プレートとナスカプレートの間の海嶺が、海溝とぶつかって沈み込むという、現在の地球上ではまれな現象が起こっています。

　ペルー・チリ海溝は、沈み込むプレートが若いために、ス

ラブの沈み込み角度が小さい海溝です。また、日本列島付近の沈み込み帯とは異なり、海溝が大陸のすぐ縁に沿っています。沈み込んだスラブによる火山フロントは、大陸の縁にあり、アンデス山脈に火山活動をもたらしています。

チリ海嶺をはさんで南側に南極プレート、北側にナスカプレートがあるのを確認してください。拡大した図の半分から上側では、これから海嶺が沈み込みますが、真ん中あたりに今沈み込みつつある海嶺があります。下のほうはすでに海嶺が沈み込んでしまった後です。

海嶺ではプレートが切れていますから、沈み込んだ後、海嶺の部分が離れて、スラブに隙間があくと考えられます。これを**スラブの窓**といいます（図6-23）。スラブの窓が開くと、その下のアセノスフェアのマントルが、窓を通って上盤プレートのすぐ下にまでプルームとして上がってきます。これ

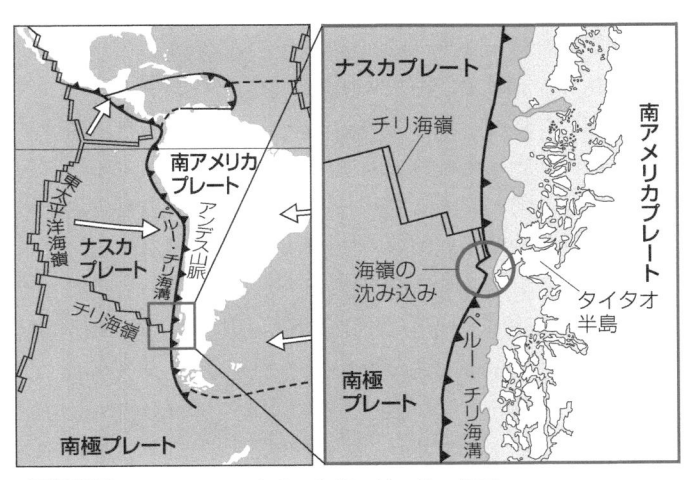

図 6-22 ペルー・チリ海溝の海嶺の沈み込み場所

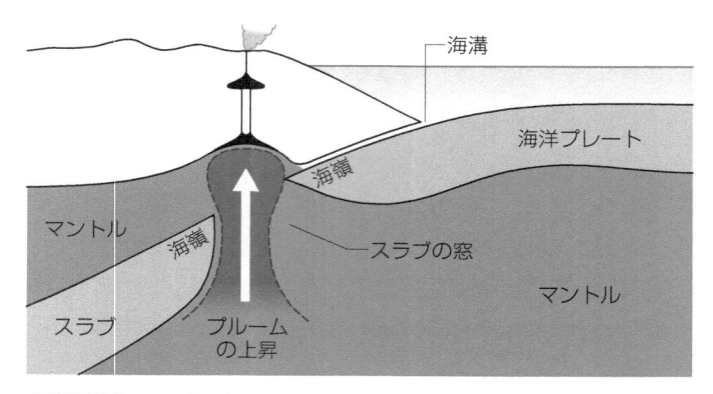

図 6-22 スラブの窓

によって起こるのは、海嶺でつくられるのと同じ種類の玄武岩質マグマによる火山活動であり、水によってマグマができる沈み込み帯の火山活動とは異なります。今後どのような現象が進行するのか、大変興味深い場所です。

話をフィリピン海プレートにもどしましょう。西日本の南に位置するフィリピン海プレートをつくった海嶺は、新生代に南海トラフに沈み込みつつありました。そのときにスラブの窓が開いたと考えられています。アセノスフェアからスラブの窓を通って上昇するプルームによって起こった可能性のある火山活動の跡が、瀬戸内海近辺に残っています。

またそれだけでなく、スラブの窓が開いたことで上昇したプルームによって、地上にリフト帯——アフリカ地溝帯に見られるような大規模なものではなく小規模のリフト帯——が一時的に形成されて陸が裂け、それによって瀬戸内海ができた可能性も指摘されており、大変興味深い話です。瀬戸内海が神秘的な海に見えてきますね。

7章 衝突する島弧と大陸のしくみ

インドの衝突によってできたヒマラヤ山脈とその北のチベット高原（画像：NASA）

1　日本列島に見られる島弧の衝突

太古の島弧の誕生から大陸誕生まで

　地球誕生から6億年後、つまり今から約39億年前の地層からは、枕状溶岩つまり海底に流れ出した溶岩が見つかっています。ということは、そのころ海洋がすでに存在したはずです。

　同じころのグリーンランドの地層からは、日本の地質学者らによって、沈み込み帯の付加作用にともなうデュープレックス構造も見つかっているので、39億年前には原始的なプレートの沈み込みも開始されていたと考えられています。

　当時のまだ温度が高いマントルは流動しやすく、小さなマントル対流が多数できたと考えられます。一つ一つのプレートも小さく、海嶺や沈み込み帯が細かく分布して、現在の地球とは異なる様相だったでしょう（図7-1）。そのころ最初にできた陸は、沈み込み帯にできる島弧のようなものであったはずです。島弧どうしがプレート運動によって衝突し合って

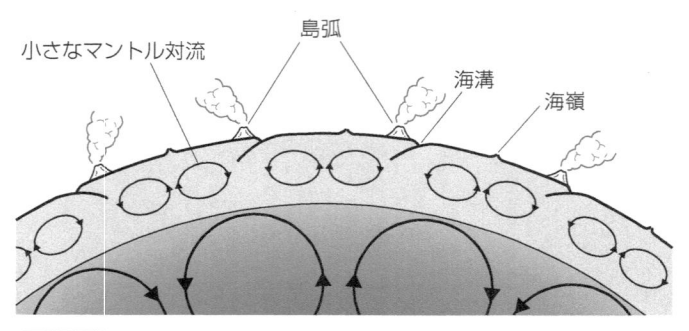

図7-1　プレートテクトニクスが始まったばかりの地球　まだ大陸はなく、島弧がたくさんできたと考えられる。

合体することで成長し、小大陸になったと考えられています。

　成長したいくつかの小大陸は、さらに衝突・合体し、ついに超大陸が形成されるにいたりました。その後、ウィルソンサイクルによって、超大陸の分裂と、再び合体して超大陸をつくる過程が繰り返されました。地球史の中で、超大陸ができたのは、だいたい27億年前、20億年前、15億年前、11億年前、7億年または6億年前、そして約3億年前であると考えられます。最後の約3億年前の超大陸が、ウェーゲナーが指摘したパンゲア超大陸にあたります。

日本における島弧の衝突

　太古に起こった島弧の衝突のようすは詳しくわかっていません。しかし、島弧の衝突は、現在の地球上でも見られます。日本列島もその場所の1つで、よく見ると単なる島弧ではなく、衝突・合体した跡がたくさんあるのです。

　図7-2に、現在の日本付近のプレート境界を示しました。押し合う力でできた大きな逆断層帯の位置も表しています。そこが衝突の起こっている場所です。

　まず、本州の南の海に並ぶ島々、伊豆・小笠原諸島に注目してみましょう。これらは、太平洋プレートが伊豆・小笠原海溝に沈み込むことで生じた火山活動によって、フィリピン海プレート上にできた島弧です。これらの島々の列を北にたどると、伊豆半島に行き着きます。伊豆半島は、伊豆諸島をつくる島弧の島の1つが、フィリピン海プレートの運動によって本州に衝突したものです。プレート境界は伊豆半島よりも北側の陸上にあり、そこが衝突帯になっています（図7-3）。

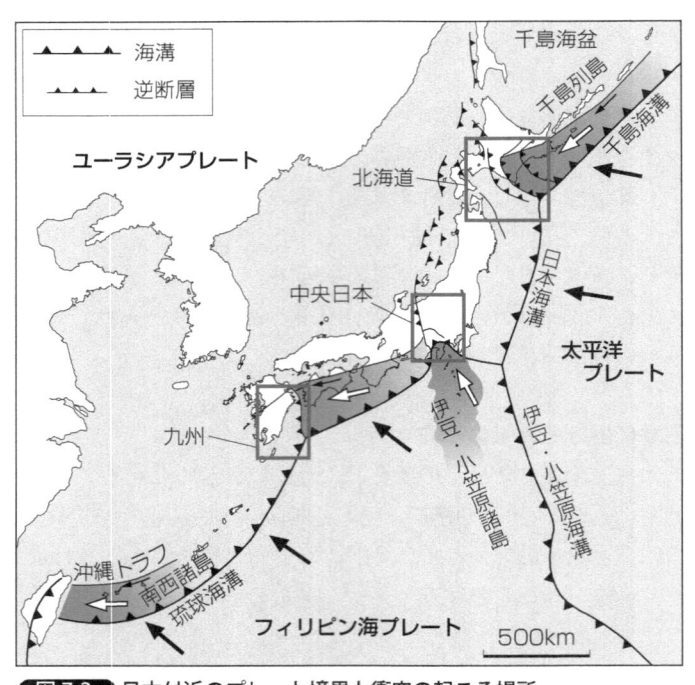

図 7-2 日本付近のプレート境界と衝突の起こる場所

(『プレート収束帯のテクトニクス学』を改変)

　図では、丹沢の山の北側にも、過去のプレート境界の線が描かれています。これは、島弧の衝突が伊豆半島以前にもあり、その島は今は丹沢の山になっていることを示しています。本州に大きくめり込んで変形させたことがうかがえます。このように衝突によって山ができることは、

伊豆半島は、昔、島だった。

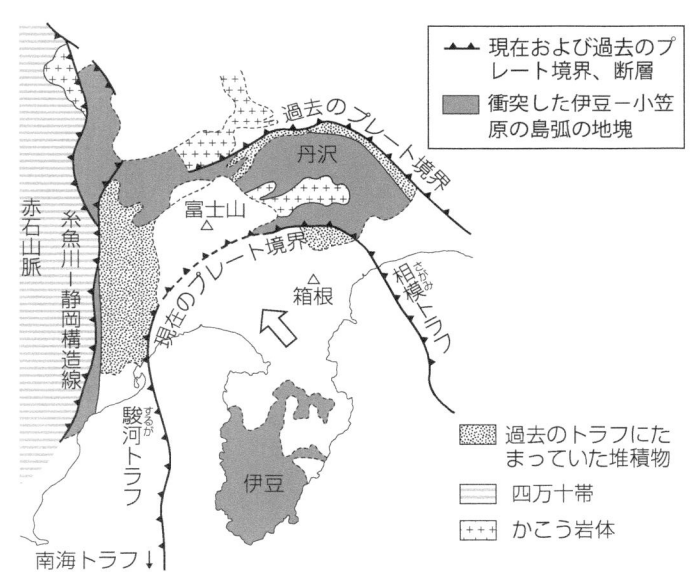

❼章 衝突する島弧と大陸のしくみ

図 7-3　伊豆半島の衝突　（『地球学入門』、〈酒井治孝, 1992〉を改変）

後で解説するインド半島の衝突によるヒマラヤ山脈の誕生とも似ています。

　同じ島弧の衝突でも、ちょっと違ったしくみで衝突が起こっているケースがあります。北海道の北東に目を移しましょう。千島列島は、千島海溝から沈み込んだ太平洋プレートのスラブがつくり出した島弧です。千島海溝では、太平洋プレートの沈み込み方が、海溝が延びる線に直角ではなく、斜めになっているのが特徴です（図7-4）。これを**斜め沈み込み**と言います。

　斜め沈み込みでは、海洋プレートが上盤プレートを摩擦で水平方向にこすりながら沈み込むことになります。その結果、

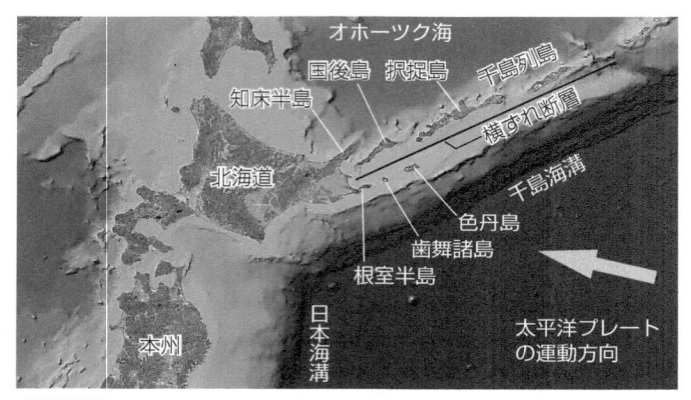

図 7-4 千島海溝への斜め沈み込み　前弧スリバーができる。
（画像：NASA）

上盤プレートの海溝に沿った帯状の部分が、水平方向に力を受けます（図7-5）。すると、海溝から少し離れたところに平行な横ずれ断層ができます。海溝から横ずれ断層までのプレート部分は、**前弧スリバー**とよばれます。前弧スリバーは、独立した小さなプレートのようにふるまい、海溝に沿って平行にスライドするのです。「前弧」というのは、島弧の前側（海溝側）を指す言葉です。またスリバーは細長い小片を表す言葉です。

千島列島の島々は、海溝にほぼ平行に細長い形をしています。図7-4で、知床半島も含めて列島の島々をもっとよく見ると、鳥の雁が隊列をなして空を飛ぶときの配置にもよく似ています。たとえば知床半島に立って北東を見たときに、となりの国後島は右前方にあり、国後島に立って同じように見ればとなりの択捉島も右前方にあるという配置です。雁が列をなして飛ぶときも、前を飛ぶ鳥とこのような配置になるの

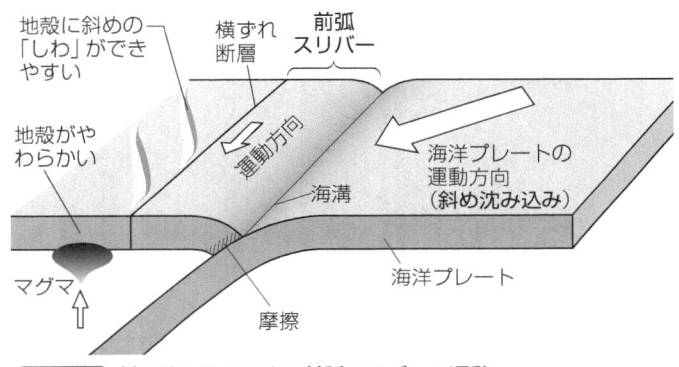

7章　衝突する島弧と大陸のしくみ

図 7-5 斜め沈み込みによる前弧スリバーの運動

ですね。

このような配置になるのは、島弧をつくったマグマの活動で付近の地殻がやわらかくなっているため、前弧スリバーの動きにともなって地殻に斜めの「しわ」が寄ったためと考えられます。

また、北海道東岸の根室半島の東に位置する、歯舞諸島、色丹島は、この前弧スリバーの運動で、西に移動してきています。根室半島はかつての島が北海道に衝突してできたもの

千島列島の並びは、こんなふうに雁が飛ぶときの列のようになっている。

ハンカチ

ハンカチに斜めのしわができるのと同じ

ずらすと…

斜めのしわ

165

図 7-6　南海トラフへの斜め沈み込み　中央構造線との間が前弧スリバーになり、西へ運動している。
(画像：NASA)

です。根室半島や伊豆半島には、「半島」と名がついていますが、半ば島というのは名の通りですね。

千島海溝の前弧スリバーの運動は、北海道中央の日高山脈とその南まで力をおよぼしていると見られ、そこが衝突帯となって逆断層を形成し、山脈を高くするはたらきをしています。

日本に見られる前弧スリバーの例はほかにもあります。フィリピン海プレートの南海トラフへの沈み込みは、やや西に傾いた斜め沈み込みです（図7-6）。南海トラフと四国などの中央には、中央構造線とよばれる大断層帯がありますが、これは横ずれ断層です。中央構造線と南海トラフの間が前弧スリバーとなり、西の九州に向かって横ずれ運動をしています。四国と九州の間は、この前弧スリバーの運動による衝突が起こりつつあると考えられます。

7章　衝突する島弧と大陸のしくみ

　さらにもう1つの例は、琉球海溝の西の端です。フィリピン海プレートの琉球海溝への斜め沈み込みにより、石垣島や西表島付近が前弧スリバーとなり、台湾の方向へ動く傾向にあります。

　衝突の例をほかにもあげましょう。中央構造線と並んで日本の地質構造について聞く言葉に**フォッサマグナ**があります（図7-6の右上）。これは東日本と西日本が衝突している場所です。今から約2000万年前ころ、日本列島のもとになった地殻は、大陸の一部でした。その後日本が大陸から分離し、日本海ができたのですが、日本海ができた理由についての詳細は明らかではありません。一時的にマントル内でプルームの活動が起こり、大陸の端を引き裂いて間に海洋底をつくったものの、継続せずに活動が終わったと説明することもできます。

　日本が大陸から分離したとき、東日本と西日本は離れた島であり、その間の浅い海には堆積物がたまっていきました。その後プレート運動の変化で東日本と西日本が衝突し、間にあった堆積物の層が陸地になったところがフォッサマグナとよばれる地帯です。この衝突は現在も続いており、押し合う力で逆断層が発達し、日本アルプスが高くなっています。このような衝突は北海道でも起こり、日高山脈は、北海道よりもずっと北のほうの大陸の縁でできた付加体が横ずれしながら移動してきて北海道の西半分に衝突・合体したことによりできました。先ほど述べた前弧スリバーの衝突は、その後になって起こっているものです。

　このように、日本列島のつくりを見ると、古い大陸の一部や火山性の島弧、付加体が寄り集まってできた陸地であることがわかります。

意外にやわらかい大陸

　次に大陸どうしの衝突の例を見ていきますが、その前に、大陸の意外な「やわらかさ」について述べておきたいと思います。

　プレートテクトニクスが成立する前提は、変形しない硬いリソスフェアとその下のやわらかいアセノスフェアの存在でした。厚さ100kmにもなる海洋プレートは、強度が大きく、プレートとよぶにふさわしいものです。その下には地震波の低速度層が観測され、アセノスフェアの存在を示しており、海洋プレートの広がる場所ではプレートテクトニクスが成立しているのは確かです。

　これに対して大陸は、プレートの厚さは100km程度とされているものの、海洋プレートとは異なる問題点があります。その1つは、地震波の低速度層、つまりアセノスフェアが必ずしも観測されてはいないことです。4章図4-14のプレートの絶対運動の図からは、大陸の乗ったプレートがあまり動いていない傾向が見てとれます。大陸がマントルに半ばくっつき、「根をはった」状態である可能性があります。

　問題点のもう1つは、海洋よりも厚い地殻、しかも玄武岩ではなくかこう岩の地殻をもつことです。図7-7はプレートの強度を比較したものです。グラフは、右へ行くほど岩石の強度が大きいことを表します。初めに（a）の海洋プレートを見ましょう。地下深くでは圧力が高いため岩石が封じ込められて強度が増していきます。それが、グラフのピークより上部の部分です。ある程度深くなると温度が高いために岩石中のオリビンがやわらかくなり始め、深いほど強度が小さくなります。これがグラフのピークより下の部分です。

これに対して、(b) の大陸プレートを見てみます。大陸地殻は、**石英**という鉱物を含む岩石が多く存在します。このグラフの上部は、石英の強度を示しています。グラフの最上部では、深くなるほど強度が増しますが、深さ20kmくらいから、温度の上昇による強度の低下が始まります。これは石英の性質です。海洋プレートには石英を含む岩石はなく、このような強度低下はありません。大陸プレートの下半分では、かんらん岩のオリビンがやわらかくなっていくことを示しており、海洋プレートと同じです。

このように、大陸プレートは、深さ30〜40km付近の強度が小さく、変形しやすい部分をもっています。つまり大陸プレートは変形しやすいと言えます。プレートテクトニクスでは、プレートは変形しないという前提で組み立てられていますから、大陸部分をプレートと考えないほうがよいという主張さえ成り立つわけです。

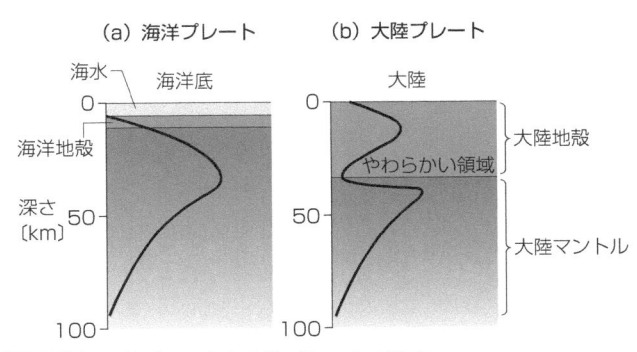

図 7-7 **海洋プレートと大陸プレートの強度**
(『地球のダイナミックス』、〈Keary and Vine, 1990〉を改変)

大陸プレート内部のマイクロプレートという考え

　プレート境界は、地震帯に沿って引かれることを2章で述べました。大陸の内部の地震帯を見ると、ある程度地震の多い地帯も存在します。そこには活動的な断層があり、繰り返しずれ動くことで地震を発生させています。それらの断層の活動を通して大陸プレートの硬い表面は破壊的に変形し、内部のやわらかい層は塑性的に変形しているわけです。

　プレートテクトニクスの考え方を当てはめると、地震を起こしている断層の連なりをプレート境界であるとみなすことも可能です。すると、大陸はたくさんの小さなプレート——**マイクロプレート**——の集まりであることになります。ユーラシアプレートの東部分でも、中国東北部のアムールプレート、揚子江下流域のチャイナプレート、その南のインドシナプレート……と細かく分けて考えることがあります。このような考え方は、「プレート」の境界で地震が起こるという原則で統一して考えられる利点はあるものの、どこにプレート境界を引くかで、絶えず意見が分かれることにもなります。

　日本列島も大陸プレートの上にあり、プレート境界の引き方について意見が分かれるケースがあります。それは、北日本を北アメリカプレートとするかという問題です。

　図7-8は、境界線の引き方で意見の分かれる部分を(a)〜(c)の点線で示したものです。すでに述べたように北海道の日高山脈近辺は衝突のある地帯なので、北海道の中央にユーラシアプレートと北アメリカプレートの境界線を引いていた時代もありました（図7-8(a)の線）。ところが、1960年代以降になって、新潟から日本海の海底に延びる断層で活発に地震が起こるようになりました。1964年新潟地震や1993年北海道

7章　衝突する島弧と大陸のしくみ

南西沖地震などです。すると最近では、プレート境界線が日本海を通る線（図7-8(b)の線）に書き換えられた図をよく目にするようになっています。

また、カムチャッカ半島の根もとの地震の多い地帯で北アメリカプレートと分け（図7-8(c)の線）、ⒶⒷを合わせた範囲をオホーツクプレートとする考え方や、Ⓑの東北日本だけをマイクロプレートとして分ける考え方もあります。

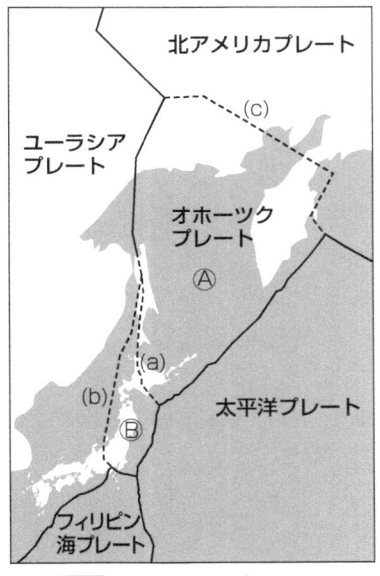

図7-8 日本周辺のプレートのいろいろな分け方

日本列島だけでなく、大陸もたび重なる衝突で成長してできているので、かつての衝突帯や沈み込み帯の跡がたくさんあります。また、大陸地殻は下層が弱いため変形しやすく、上層では断層ができて地震を起こす地帯ができます。これらをプレート内部の変形と考えるのか、プレート境界と考えるかは、意見が分かれるというわけです。

さて次に、世界でももっとも激しい大陸衝突が起こっているヒマラヤ山脈近辺に目を移しましょう。

2　大陸の衝突とヒマラヤ・チベット

インド小大陸の衝突とデラミネーション

　ヒマラヤ山脈は、知られる通り世界でもっとも高いエベレスト山のある山脈です(図7-9)。この地域の際立った特徴は、世界最高峰があるというだけでなく、山脈の北側に広がる広大なチベット高原の存在でしょう。そこは、平均4500mの高度をもち、地球上で標高4000m以上ある土地の総面積の85％をも占めています。ヒマラヤ山脈をつくり出したメカニズムもさることながら、チベット高原という広い面積の土地が、なぜ全体としてきわめて高い高原になったのかは、大変不思議です。

　ヒマラヤ山脈のすぐ南には、インド半島があります。半島と名がつくところにかつて島だったところが多いと日本の島

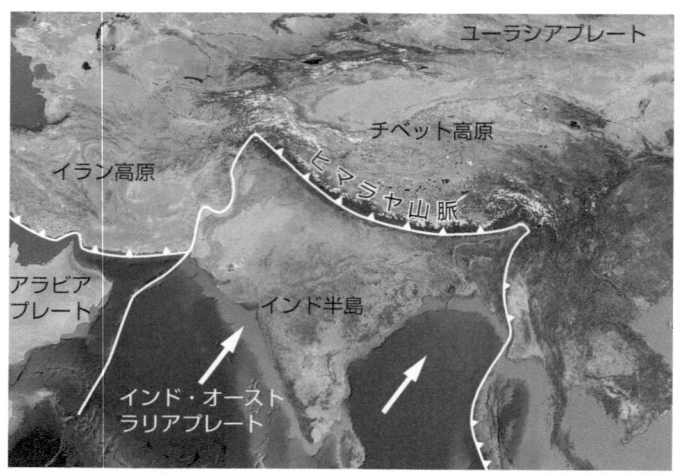

図 7-9　人工衛星から見たインド・ヒマラヤ地域

7章 衝突する島弧と大陸のしくみ

弧の話のところで述べましたが、インド半島には、もともと独立した小大陸だったという生い立ちがあります。

超大陸パンゲアの分裂前である2億年前ころにさかのぼると、インド小大陸は南極とつながる位置にありました（図7-10）。その後、超大陸下で上昇するスーパープルームの発生とともに、リフト帯ができて大陸が分裂を始め、分裂した隙間に海嶺ができ、大西洋やインド洋が広がっていきました。

独立した小大陸になったインドは、テチス海とよばれる当時の海を北上し始めました。1章図1-1で示したウェーゲナーの大陸移動の図では、インドはユーラシア大陸とずっと一体でしたから、その点では間違っていたことになります。

テチス海をユーラシア大陸の縁の海溝へ向かって移動し続けたインド小大陸は、5000万年ほど前、ユーラシア大陸に衝突しました。

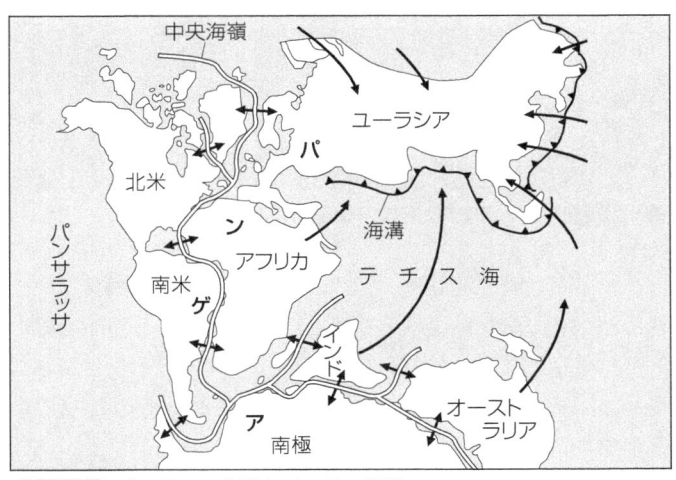

図 7-10 パンゲアの分裂とインドの移動

①沈み込みの進行と大陸の接近
テチス海
インド小大陸　　　　　　　　　　　　　　　ユーラシア大陸
リソスフェア
アセノスフェア

②衝突による山脈形成
　　　　　　　　　　　　　　　　山脈ができる
インド半島　　　　　　　　　　　　　　　　ユーラシア大陸

スラブの引く力で
沈み込む大陸地殻　　　　　　　　　　スラブ

③デラミネーション
　　　　　　　　　　　　さらに高くなる山脈

浮かび上がる
大陸地殻
スラブがちぎれて落下（デラミネーション）　　スラブ

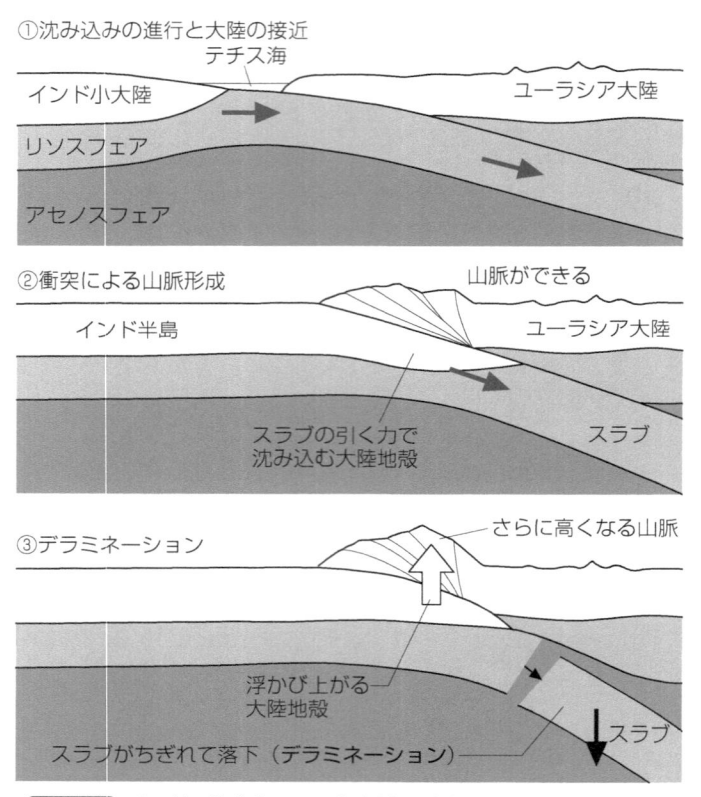

図 7-11 インドの衝突とヒマラヤ山脈の形成

　インド小大陸の地殻は、初めのうち、先行する海洋プレートとともに海溝から沈み込もうとしますが、大陸地殻は軽いため、沈み込むことができなくなり、大陸地殻どうしがぶつかって圧縮し合います。図7-11の①から②はそのころのようすです。

　衝突による圧縮は進行し、大陸地殻は断層で切られて積み

7章　衝突する島弧と大陸のしくみ

重なり、ヒマラヤ山脈をつくっていきました。ただしこのとき、ヒマラヤ山脈はまだ今ほど高くはなかったはずです。

　先に沈み込んだ海洋プレートのスラブは、岩石の結晶構造の相転移が進んで重くなると、負の浮力がはたらき、最終的には大陸の根もとからちぎれて落下したと考えられます（図7-11③）。現在地震波で見ても、ヒマラヤの地下にスラブはありません。

　このようにプレートにつながるスラブなどが切り離れて落ちる現象を、**デラミネーション**とよんでいます。「はがれる」という意味です。

　デラミネーションによって、密度の大きなスラブというおもりを切り離されたインド小大陸の地殻——途中まで沈み込みかけていた部分の地殻——は、浮力の原理で浮かび上がります。これによって、ヒマラヤ山脈は下からもち上げられ、一気に高くなったと考えられています。もし、大陸どうしの押し合う力だけで山脈が成長したなら、ヒマラヤに見られる断層は逆断層ばかりのはずですが、実際には大きな正断層も見られます。これは水平に圧縮される力以外の要因で急に高くなった山脈が、高くなりすぎたために重力によってずり落ちた結果と考えられています。

　ヒマラヤ山脈に見られる岩石は、かつてのインド小大陸の地殻、およびテチス海の海底でできた堆積岩です。堆積岩には中生代の地層も含まれていたため、エベレスト山の山頂地殻の地層から、アンモナイトの化石が出ています。

　さて、デラミネーションによって、プレート運動の大きな原動力である重いスラブを失ったので、その後どうして衝突が進み得たのかと疑問に思った人もいるでしょうか？　これ

は、プレート分布図（2章図2-12）を見ると想像できますが、インド・オーストラリアプレートには、スンダ海溝・ジャワ海溝など長い海溝があり、そこに沈み込んだスラブが引き込む力がプレートを動かし続けていることが考えられます。

　しかしいずれはユーラシア大陸の変形も限界に達するときがきます。現在すでにインドの部分ではプレートが沈み込めなくなっているのですから、代わりにインド洋の海底に大きな逆断層ができて、そこが海溝となって新たな沈み込み帯を形成するかもしれません。そのとき、ヒマラヤ山脈はもう高くはならず、浸食が進んで低くなることが予想されます。

チベット高原のでき方
　ヒマラヤ山脈の背後には、平均4500mのチベット高原があります。このきわめて広い面積の高原は、山脈の形成とは異なるしくみでできたはずであり、諸説があります。古典的な説は、インド小大陸の地殻がユーラシア大陸の下に潜って水平に進んでいくことで、チベット高原が高くなったというものです。この説が正しければ、チベットは南から順に高くなっていったことになりますが、実際は同時期に高くなったようなのです。

　ここでは、デラミネーションによる説を紹介します。図7-12は、チベット高原が高くなる2つの過程を示しています。初め、衝突が進むと、地殻が断層によって厚くなるだけでなく、その下のマントルからなるリソスフェアも圧縮されて厚くなっていきます。次に、この厚くなったリソスフェアが、あるときはがれて落下し、密度の大きなマントルの岩石という「おもり」を失ったチベットの地殻が、浮力の原理で

7 章 衝突する島弧と大陸のしくみ

浮かび上がります。これによってチベット高原は全体が一気に高くなったというわけです。

地殻からマントルのリソスフェアが「はがれ落ちる」というのは想像しにくいですが、地殻の下部にやわらかく強度の弱い岩石層があるという先ほどの説明（図7-7）とあわせて考えれば、そこを境にはがれることが想像できると思います。

①地殻やマントルリソスフェアが水平方向に押される
　ヒマラヤ山脈　チベット
　地殻
　マントルリソスフェア
　アセノスフェア

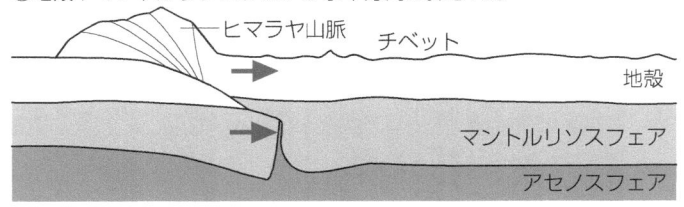

②水平方向に圧縮されて厚みが増し、下層が重さではがれ落ちる
　このあたりが圧縮される
　はがれて落下（デラミネーション）
　押されて変形したマントルリソスフェア

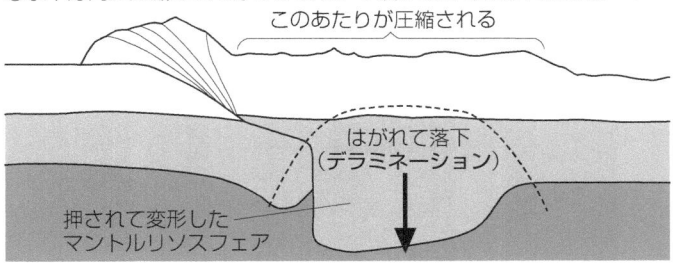

③軽くなったチベットの地殻が浮かび上がり、高原となる
　チベット高原　火山
　浮かび上がる地殻
　アセノスフェア

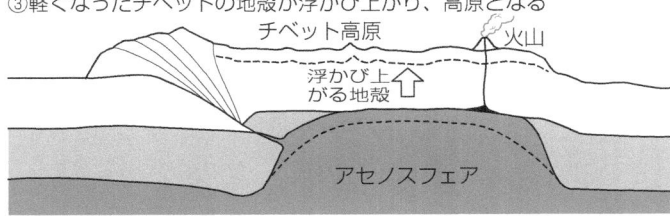

図 7-12 チベットが浮かび上がったとする説

このようなはがれ落ちも、図7-11で示したスラブの落下とは異なりますが、やはり一種のデラミネーションです。

チベットの地殻の下にはマントルからなる硬いリソスフェアが存在せず、アセノスフェアが直接接しているらしいことが観測されていますが、デラミネーション説はその観測とも符合する説です。アセノスフェアが直接地殻に接すると火山活動も引き起こしそうです。チベットには火山も見られるので、それとも符合します。デラミネーション説の今後の発展が期待されます。

1章でアイソスタシーの考え方を説明したときに、北欧のスカンジナビア半島が氷河というおもりを失うことによって浮かび上がっているという例を示しました。デラミネーションも、地殻の下側のおもりを失うことですから、やはり同じアルキメデスの原理がはたらいて陸が高くなったのだと言えますね。

インド小大陸の衝突は、ユーラシア大陸の奥深く、バイカ

チベットは、地下のおもりが取れて、アルキメデスの原理で浮かび上がった。

7章　衝突する島弧と大陸のしくみ

ル湖にいたるまで影響がおよんでいると言われ、アジア地域の地殻は激しく変形しています。変形は山脈の形成によって地表に記されるので、人工衛星からの画像を眺めるだけでも、その激しい変形のようすを、山脈の織りなす地形の連なりとして見てとれます。プレートは硬く変形しないというプレートテクトニクスの前提が、大陸地域には適用できないことが感じられます。図7-9の画像や、インターネットのGoogleマップなどを開いて見てください。

　画像をよく見ると、インド半島側にはユーラシア大陸側のような変形が見られないことに気づくかもしれません。すると、なぜユーラシアはやわらかく、インドは硬いのかという疑問が生じます。これはそれぞれの大陸の構造に大きな違いがあることを示しており、各大陸の基礎ができた地球史上の時代が異なることと関係があると予想されています。

8章 プレートテクトニクスと地震

日本の地球深部探査船「ちきゅう」は、日本海溝や南海トラフの海溝型地震の震源断層まで掘って調べる能力をもつ（画像：海洋研究開発機構）

1 プレート境界の地震

マグニチュードと震源断層の動き

地震とは、地下の岩盤が割れて断層ができるときに震動が生じたり、一度できた断層が再びずれるときに震動を生じさせる現象です。地震の発生過程は、プレートテクトニクスと関連が深く、これまでの章で述べてきた、沈み込んだスラブのふるまいや付加体の形成などとの関連をこの章で解説していきますが、その前に、地震という現象の基礎的なことをおさらいしておきましょう。

地震によって発生した震動は、地震波となって地中を伝わり、震源から離れた地上の場所に到達すると、地面を揺らします。震源から遠く離れた場所ほど地震波が減衰して小さくなるので、ある土地で観測される揺れの大きさと、地球内部の震源で起こった地震という現象そのものの大きさは区別し

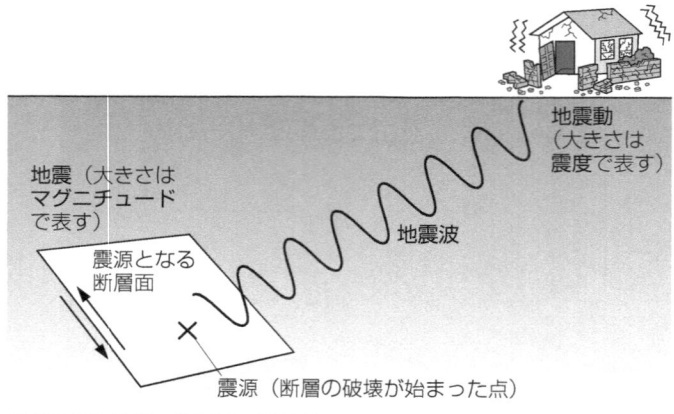

図 8-1 地震、地震波、地震動

8章　プレートテクトニクスと地震

て考える必要があります。震源の現象を地震、ある地点で観測される揺れを**地震動**と言って区別することもあります。

　震動の到達地での揺れ（地震動）の大きさは、**震度**で表し、弱い方から、震度0、1、2、3、4、5弱、5強、6弱、6強、7です。震度は地震計の針の振れから求めますが、被害の程度からも求められます。震度5強を超えると家具が倒れたり建物に損傷が出始め、6で人は立っていられなくなり、7が最大級で多くの建造物にも被害が出ると考えればよいでしょう。

　震源での地震という現象そのものの大きさは、**マグニチュード**で表し、記号Mの後に数字を書いてM8.2などのように表します。マグニチュードは、震源の断層で岩盤を破壊したり動かしたりしたエネルギーの大きさの目安となる数字です。数字が1大きくなると、エネルギーは約32倍になるという関係があり、マグニチュードが0.2大きくなるとエネルギーは約2倍です。ですから、M8.2はM8より0.2しか大きくないですが、エネルギーは2倍になります。

　岩石を破壊したり動かしたりするエネルギーとは、岩石がバネのように弾性変形して蓄積した弾性エネルギーです。地震のときは、その弾性変形を解消しながら、岩石を破壊したり動かしたりする「仕事」を行います。ここで言う「仕事」とは、理科で学習した「力×動かした距離」にあたるものです。破壊したり動かしたりする断層の面積が広いほど大きな応力を必要とするので、マグニチュードは大きくなります。また、断層を動かした距離が長くても、マグニチュードは大きくなります。

　マグニチュードが表す地震の規模を実感するために、図

183

8-2を見てください。震源で動く断層の面積や、動く長さの違いを目安として表した例です。M7とM8を比べると、震源断層の面積で10倍くらい、ずれる長さで3倍くらいの違いになっています。M8前後の地震の例は、大正関東地震（関

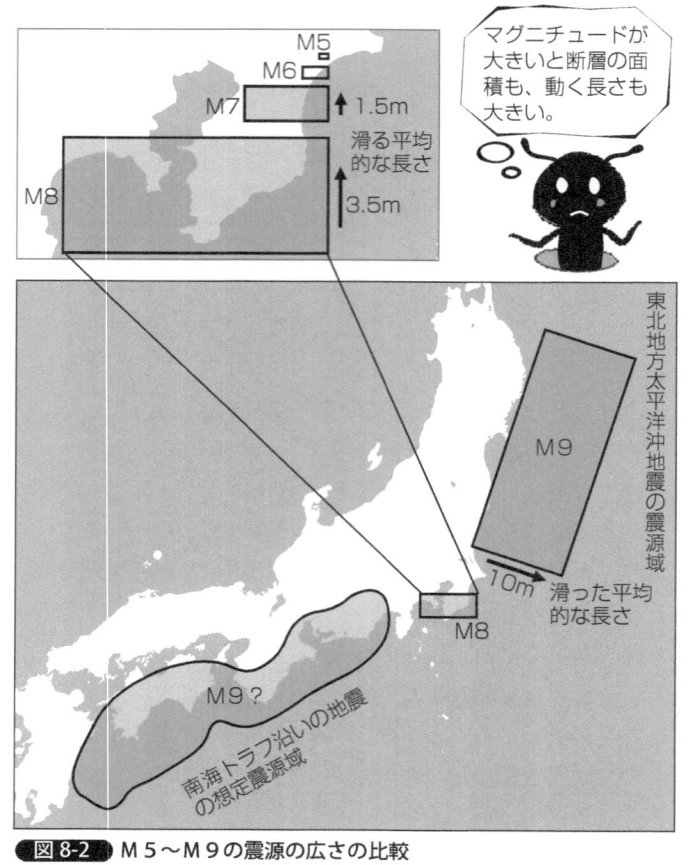

図 8-2 M5〜M9の震源の広さの比較

（『超巨大地震に迫る』、ほかを改変）

東大震災、M7.9、1923年)、昭和三陸地震 (M8.1、1933年)、昭和東南海地震 (M7.9、1944年)、昭和南海地震 (M8.0、1946年)、十勝沖地震 (M8.2、1952年) などがあり、巨大地震の範疇に入る規模です。

2011年に大津波を起こした東北地方太平洋沖地震（東日本大震災）では、マグニチュードはM9になり、破壊された断層の広がる面積は図8-2のように東北地方の太平洋沖に広がる広大な面積で、地震を起こした断層が動いた長さも最大50m以上におよぶものでした。南海トラフで起こる地震も、想定される震源域が全部連動して動くと、M9クラスになります。

震源の断層がこんなに広いと、よく震源として地図に×印をつけていることとの関係がどうなっているのか、疑問を感じるかもしれません。固着して滑らなかった断層が滑り始めるとき、まずどこか1ヵ所が破壊されてずれ始め、そこからずれが周囲に広がっていきます。最初に破壊された場所が震源として×印で示されます。

歪みエネルギーの解放

断層ができたり、その断層が固着したり滑ったりとは、どのような現象なのでしょうか？　すでに述べてきたように、地下ではたらく応力は、岩石をずらすようなはたらき方をすることがあり、逆断層や正断層、横ずれ断層をつくります。応力がある大きさまでは、岩石は弾性変形をしてエネルギーを蓄えます。これは縮んだバネが弾性エネルギーを蓄えるのと同じです。岩石が歪んで蓄えるエネルギーなので、**歪みエネルギー**とも言います。

小さな力で変形してしまうやわらかい堆積層では、地震を起こすような歪みエネルギーは蓄えられません。また、地下深くのやわらかいアセノスフェアも流動しやすいので、地震を起こすような歪みエネルギーは蓄えられません。地震を起こすのは、硬いリソスフェアの岩石層であると言うことができます。

　蓄えられた歪みエネルギーは、地震のときに岩石が破壊されたり動かされたりすることで放出されます。またエネルギーの一部は、地震波として遠くへ伝わっていきます。

　一度できた断層は動きやすくなり、歪みエネルギーがたまることによって地震を繰り返し起こします。しかしそうは言っても、断層面があまりに動きやすければ、歪みエネルギーがたまる前にゆっくり動いてしまうことになるでしょう。断層面が滑りやすいか、あるいは滑りにくいかは、地震発生のしくみを解明したり、断層が起こす地震を予測するうえでカギとなる要因です。

断層面の水で滑りやすく

　断層面の滑りやすさにとって、「水」の関与は大きいと考えられています。地球内部における水は、熱水が鉱物を溶かしたり再結晶させたりして鉱床をつくり出す、あるいは、かんらん岩の溶融温度を下げてマグマをつくり出すといった作用がありましたが、地震にも大きく影響を与えているのです。

　水は、岩石以上に、圧力に抗して縮みにくい性質があります。断層面に水があってとじ込められていると、水圧が極度に高まり、断層面で両側の岩盤がくっつかないように支えて、接触を弱めてしまうことがあるのです。すると、摩擦がほと

んどなくなって滑りやすくなったり、滑り始めたときに長い距離を滑ったりすることになります。

近年、「シェールガス」と呼ばれる天然ガスの採掘が増えていますが、高圧の水を地下に送って泥岩の地層に割れ目をつくり、その地層に含まれているガスを回収する方法がとられています。1970年から2000年までにアメリカ中部で起きたM3以上の地震は年平均21回でしたが、同地域でシェールガスの採掘が活発になった2009年ころから急増し、2011年の発生数は120回以上にのぼったといいます。地中に送り込んだ水が、断層面を動きやすくしたと考えられるのです。

水の作用の仕方はほかにもあります。何度もずれ動いている断層面は、その両側に破砕された岩石層ができていることがあり、破砕帯とよばれています。硬い岩石どうしの断層面が動くので、岩石が砕かれても当然のようにも思えますが、破砕された粒ができるには、粒と粒の間に隙間ができることが必要です。地下では高圧で岩石が封じ込められているので、隙間はできにくいのですが、断層面に高圧の水が存在すると、隙間に入って高圧で粒間を支えるので、破砕は起こりやすく

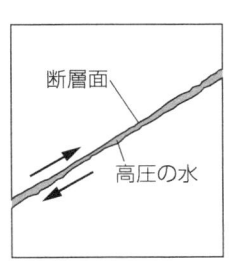

(a) 滑りやすくなる　(b) 岩石が破砕されやすくなる　(c) 長い年月では接着することもある

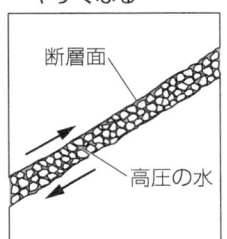

図 8-3 断層での水の作用

なるでしょう。

　水はさらに、溶かした鉱物をゆっくり再結晶させるので、断層が長い時間動かないでいると、断層面を接着するはたらきをすることもあります。

　断層面をつくる岩石の種類も、水の存在とともに重要な要因です。滑りやすい岩石とそうでない岩石があるからです。地震を起こすと考えられている断層面まで地中を掘って、断層面の実際の岩石を入手することは、地震を解明する重要な手がかりになります。

海嶺とトランスフォーム断層の地震

　世界の震源分布図を見てみましょう（図8-4）。地震がよく起こる場所は、地球上にまんべんなくあるのではなく、主にプレート境界に沿って集中しています。となり合うプレートどうしが力をおよぼし合い、地震が起こることは、これまでの海嶺・衝突帯・沈み込み帯のしくみを見てきた中ですでに想像がついていると思います。初めに、海嶺、およびトランスフォーム断層をおさらいしてみましょう。

　海嶺では、地下で生成したマグマが硬い岩盤を割りながら移動するときに地震が起こります。このような火山性の地震は、断層で生じる地震とは別物です。海嶺の地下には、やわらかいアセノスフェアが上がってきているので、歪みエネルギーがたまりにくい場所です。海水で冷やされた上部の岩石層だけが硬いので、地震が起こるのは地殻の浅いところです。

　また海嶺の中軸谷では、谷の両側を引き離すようにはたらく応力によって地殻に正断層ができます。この断層も地震を引き起こしますが、震源はやはり浅いところです。アフリカ

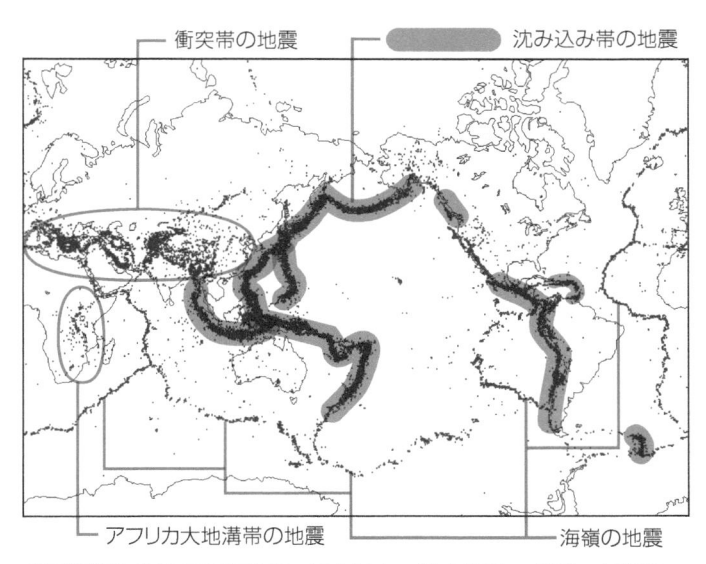

8章 プレートテクトニクスと地震

図8-4 世界の震源分布 M4以上、深さ50km以浅、1990〜2000年
〈気象庁資料〉に加筆

東部の大地溝帯にできる正断層も海嶺と同様です。これらの地震の規模は、あまり大きくはなりません。海嶺付近で比較的大きな地震を起こすのは、海嶺と海嶺をつなぐトランスフォーム断層の部分です。トランスフォーム断層が長くなるほど海嶺から遠ざかり、冷えて硬くなった岩石層も厚みを増しているので、広い断層面に歪みエネルギーがたまり、地震のマグニチュードが比較的大きくなります。

トランスフォーム断層の中でも、最も大きな地震を起こしているものの例をあげましょう。北アメリカ大陸の西岸、ロサンゼルス近郊には、海嶺から延びるトランスフォーム断層が大陸上に乗り上げて約1300kmにわたって横切っており、

「サンアンドレアス断層」と言います。この断層の活動にともない、近郊のロサンゼルスやサンフランシスコでは、大きな被害の出る地震にたびたび見舞われています。1906年4月18日のサンフランシスコ地震はM7.8となり、430kmにわたって断層がずれ動きました。震源断層との距離が近いサンフランシスコは大変な被害を受け、3000人が死亡、22万人が家を失いました。

サンアンドレアス断層は、図8-5のように、カリフォルニア湾にある海嶺から大陸上に延び、再び太平洋海底に出て、

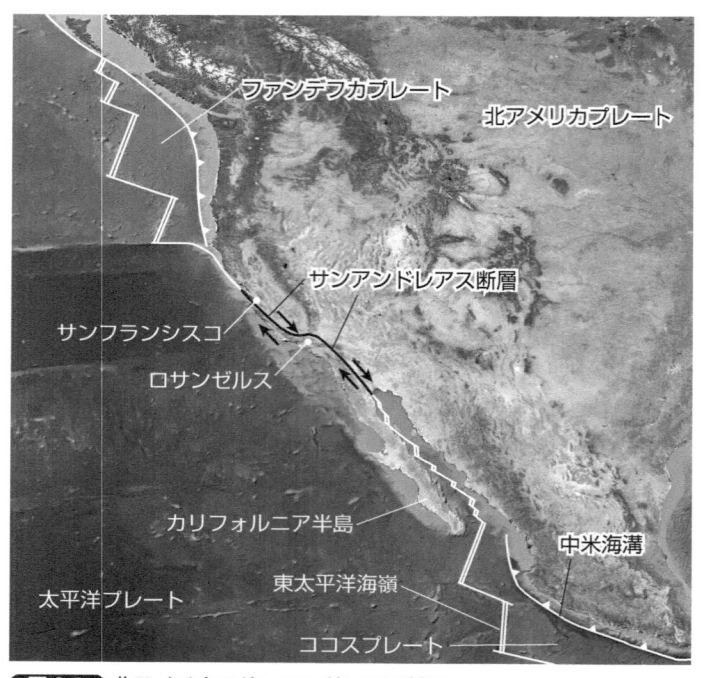

図 8-5 北アメリカのサンアンドレアス断層 （画像：NASA）

小さな「ファンデフカプレート」というマイクロプレートとの境界にある海溝や海嶺へとつながっています。この付近のプレート境界は、海嶺が大陸と接近していて、大変複雑な位置関係になっています。どうしてこうなったのかを説明することはなかなか難しいのですが、過去に存在した別のプレートや海嶺が海溝から沈み込んで消失したこと、あるいはかつてのプレート境界が活動を停止してプレートが合体したことなどから説明する説があります。

衝突帯の地震

　プレート境界のうち、収束帯——つまり衝突帯および沈み込み帯——では、M8クラスの巨大地震も起こります。まずヒマラヤ・アルプス衝突帯について述べましょう。

　7章でふれたように、ユーラシア大陸の地殻の下層はやわらかい岩石でできているので、インド小大陸の衝突によって広範囲が変形しています。「内部は変形しない」というプレートの概念は、この地域では通用しません。

　地殻下層がやわらかく塑性変形するとはいっても、上層は硬い岩石ですから、ある程度の弾性変形が蓄積すると、破壊的な変形——岩石を破壊し断層を動かしながらの変形——にいたり、地殻の浅いところで地震が起こります。インドに押されることで生じる応力がはたらくため、地震を起こす断層の多くは逆断層です。変形はユーラシア大陸の広範囲におよんでいるため、地震が起こる範囲も広範囲で、海嶺や沈み込み帯に比べてずいぶん広い帯状です。

　衝突帯で近年起こった大きな地震は、2008年5月12日の中国のチベット自治区を震源とする四川大地震で、M8.0の

規模をもつ巨大地震でした。図8-6で見るとヒマラヤ山脈の東側にしわが寄ったように見えるところに位置し、ヒマラヤの高地から急激に平地に移り変わる場所です。深さ19kmという地殻の浅い震源で、死者・行方不明者は8万人以上、家屋の倒壊は21万6000棟という甚大な被害が出ました。

2001年にはヒマラヤ山脈の中央部にあたるチベット北部でM8.1、2005年にはヒマラヤ山脈から西に外れた位置のパキスタン北部でM7.6というように、大きな地震が多発しています。

アフリカプレートやアラビアプレートが、ユーラシア大陸のヨーロッパ地域に衝突する地域も大きな地震が起こりま

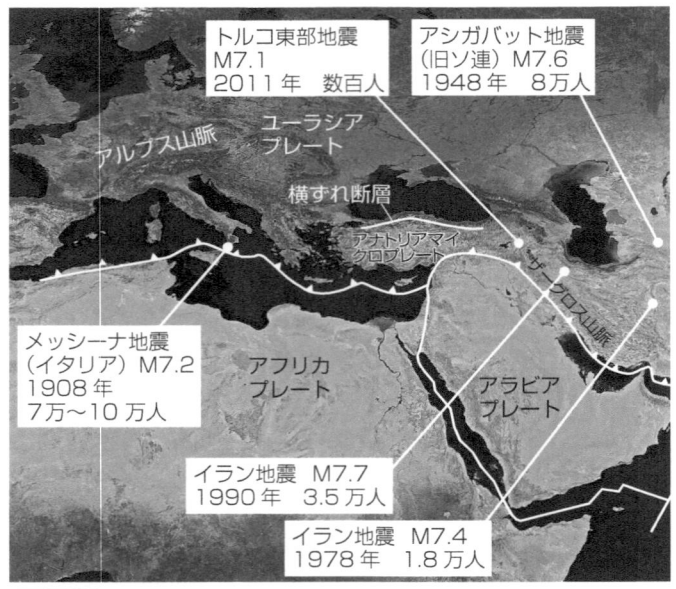

図 8-6 ヒマラヤ・アルプス衝突帯で起きた大きな地震

8章 プレートテクトニクスと地震

す。2011年には、M7.1のトルコ東部地震が起こり、死者数百名となりました。トルコはアフリカプレートとユーラシアプレートの間にあるアナトリアマイクロプレートに位置します。アナトリアマイクロプレートの南側はアフリカプレートが沈み込んでおり、北はユーラシアプレートとの横ずれ断層になっており、どちらも巨大な地震を繰り返し起こしています。

このように、衝突帯は、高い山脈をつくる過程で大きな地震を引き起こす地帯です。次に節を改め、日本も位置する沈み込み帯の地震を見ていきましょう。

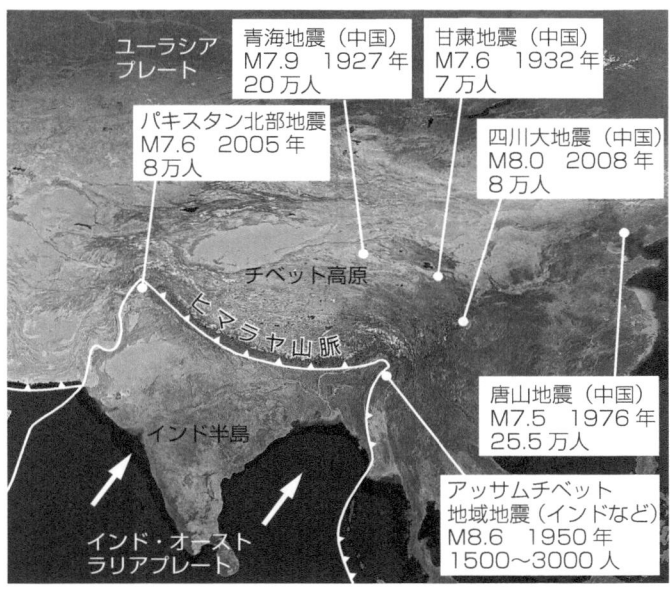

人数は死者・行方不明者　　　　　　　　　　　　（画像：NASA）

2　沈み込み帯で起こるいろいろなタイプの地震

海溝から深くなる震源——和達−ベニオフ面

　日本列島は、沈み込み帯に位置します（図8-7）。日本付近で起こる大地震は、海溝から沈み込む海洋プレートが陸側プレートを引きずり込もうとして歪ませ、それが弾性でもとにもどるときに起こる——これは序章でもふれた、よく聞く説明です。

　図8-8は、東北日本で起こる地震の分布を鉛直方向の断面で見たものです。東から沈み込む太平洋プレートに沿って、震源が西に向かって深くなっています。もっとも深い震源は200km以上の深さです。このような海溝から深くなってい

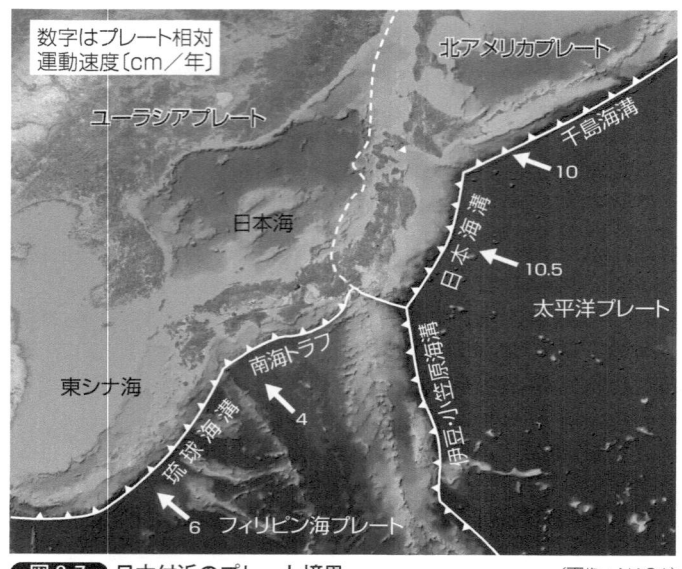

図 8-7 日本付近のプレート境界　　　　　　（画像：NASA）

8章 プレートテクトニクスと地震

く震源の分布は、2章でも述べたように**和達-ベニオフ面**とよばれます。プレートテクトニクスが構築されるより少し前、日本の気象庁に勤めていた和達清夫が発見し、続いてそれとは別にカリフォルニア工科大学のヒューゴー・ベニオフも発見し、このように命名されました。この面が沈み込む海洋プレートに沿って起こる地震の震源分布であることがわかったのは、もっと後になってからです。和達-ベニオフ面は、沈み込んだプレートの姿を見ているかのような震源分布なので、その時代はまさにプレートの発見が待たれていたのです。

図8-8をよく見ると、震源は海洋プレートと陸側プレートの境界だけではないことに気がつきます。たとえば、日本列島の浅いところにも多くの地震が見られますし、沈み込む海洋プレートに沿った震源も、プレートどうしの境界面と考え

（深い震源は斜めに並んでいる。スラブに沿っているみたいだ。）

図8-8 和達-ベニオフ面
〈防災科学技術研究所資料〉、〈東北大学資料〉を改変

るにはけっこう幅があります。

　沈み込み帯で起こる地震には、いくつかの種類があり、これまで説明してきたプレートテクトニクスのいろいろなしくみとも関連しているので、1つずつ見ていきましょう。

内陸型地震

　図8-9に示したのは、**内陸型地震**です。海洋プレートが陸側プレートを押すことによって、陸側プレートの内部にできる逆断層が起こす地震です。震源の深さはおおまかに言って20kmよりも浅いところです。それ以上深いところは、地震が起こらないやわらかい岩石でできていると考えられます。地震を起こす断層は繰り返し活動して地震を起こすことが多く、**活断層**とよばれます。

　マグニチュードは最大でM7クラスというのが目安ですが、1891年の濃尾地震はM8の規模で7000人以上の死者が出ました。ただしM7クラスでも、人の住む地域の直下で起

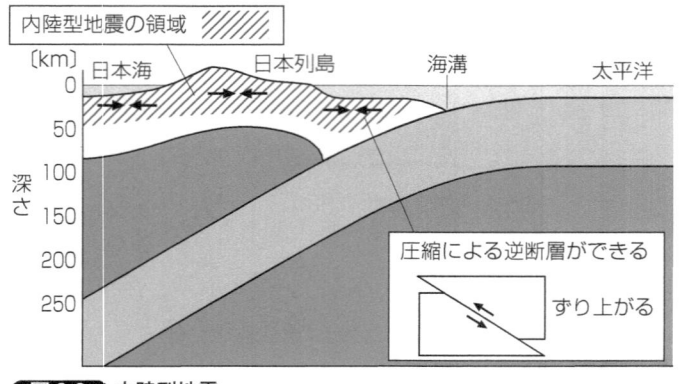

図 8-9 内陸型地震

こることにより、大きな被害をおよぼす地震となります。

　1995年1月17日に関西で起こったM7.3の兵庫県南部地震（阪神・淡路大震災）は、この内陸型地震の例で、震源の深さは16kmです。揺れは神戸の周辺などで震度7、6000人以上の死者という、戦後初めて甚大な被害が出た地震となりました。

アウターライズ地震

　海溝よりも遠洋側でも地震は起こっています。図8-10に示したのは、海溝に近づいてきた海洋プレートの内部で起こる地震です。海洋プレートが海溝に近づくと下向きに曲げられるため、プレートの上面は引き伸ばされる力がはたらきます。これによって、海洋プレートの上面には正断層がたくさんでき、ホルスト・グラーベン構造という溝状の凹凸構造ができることは、6章でもふれました。この正断層ができるときにも、大小の地震が起こります。

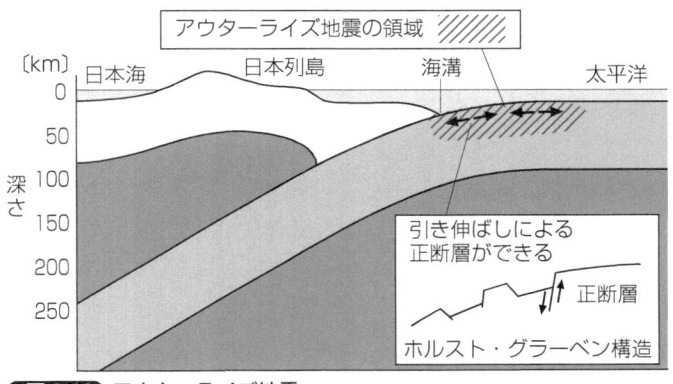

図 8-10 アウターライズ地震

1933年3月3日に起こったM8.1の「昭和三陸地震」は、このしくみで起こった巨大地震です。震源の深さは20km、位置は日本海溝より東の遠洋側であったため、東北地方の揺れは震度5程度でしたが、断層の動きによる海底の大きな変動で大津波が発生しました。岩手県で、海抜28.7mまで津波が押し寄せ、死者・行方不明者3000人という甚大な被害が出ました。このタイプの地震は、震源が遠いため震度が小さく、その割に大きな津波が押し寄せる点に注意が必要です。
　海溝のすぐ外側で起こるこのような地震を**アウターライズ地震**とよぶことがあります。

海底の変動で発生する津波

　地震による海底の変動と津波との関係をここでおさえておきましょう。海底の浅いところを震源とする地震では、海底が隆起したり、沈降したりする変動が起こります。すると大量の海水がもち上げられたり下げられたりして波が発生することになります（図8-11）。
「波」とはいっても、通常海岸に打ち寄せる波とは性質が大きく異なります。津波における波動の1つの山は、波長つまり進行方向の長さが数十〜数百kmもあり、巨大な水のかたまりです。波1つが防波堤を乗り越えるだけで、多量の海水が陸に流れ込みます。津波は水深の深い遠洋では時速800kmの速さで進みますが、水深の浅いところでは時速数十km程度にまで遅くなるので、後から来る波が追いついてきて波長は短くなります。その代わり高さは高くなり、遠洋で数mの高さであったものが海岸では数十mにもなります。
　津波のとき、波動の山の部分が到達して通常より海面が高

8章　プレートテクトニクスと地震

くなる状態を「押し波」、波動の谷の部分が到達して通常より海面が低くなる状態を「引き波」と言います。先に述べたアウターライズ地震のように正断層による場合、断層を境に片側がずり下がる海底の変動が主となるため、最初に起こるのは、海面の低下であることが多くなります（図8-11(b)）。低下した部分がもとにもどろうともち上がり、次にはその反動で海面が高くなり、上下を繰り返して津波となります。このような場合、最初に海岸に到達するのは引き波であることが多く、湾港の海底が露出するという異様な光景から始まることもあります。この光景が見られたら、その次に必ず高い波がやってくるので、逃げなくてはなりません。とはいって

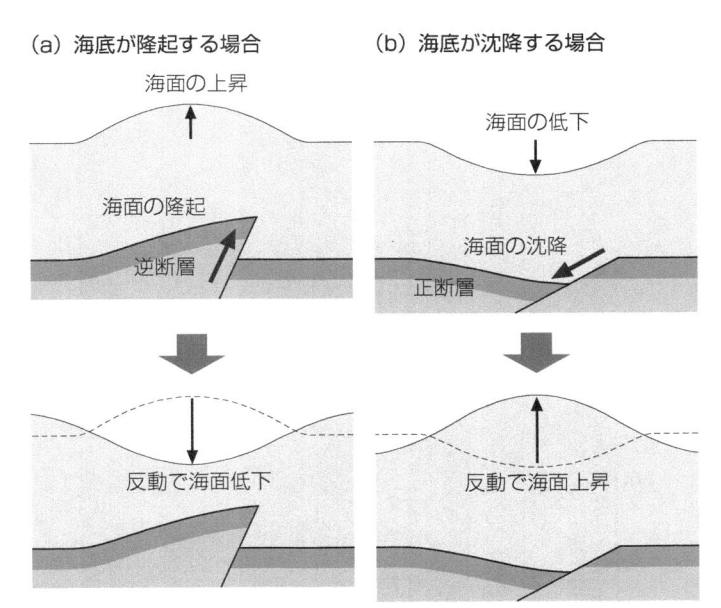

図 8-11 海底の隆起や沈降で津波が起こるしくみ

も、津波は引き波で始まると決まっているわけではありません。海底にできる逆断層による津波は、海面の高い部分が先に来ることが多く、次節で解説する「海溝型地震」はこのタイプです。

沈み込んだスラブ内の地震

地震は地球内部に沈み込んだ後の海洋プレート——つまりスラブ——の内部でも起こり、**スラブ内地震**と言います。スラブ内地震が起こるしくみはいくつか考えられ、1つは、海溝でいったん曲がった海洋プレートが今度は平らにもどるときの応力の変化によるものです（図8-12）。海溝の遠洋側でプレートが曲げられたときの変化とは逆に伸ばされるので、スラブの上面では圧縮による逆断層型、下面では引き伸ばしによる正断層型になると考えられます。深さにするとだいたい100km前後の領域です。震源分布は、スラブの上層と下

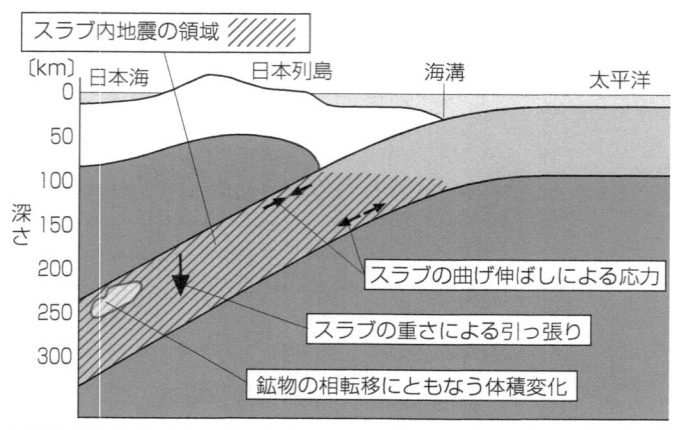

図 8-12 スラブ内地震のしくみ

8章 プレートテクトニクスと地震

層に対応するような2重の面になっている特徴があり、上面の伸張と下面の圧縮に対応していると考える説があります。

ただし、この深さでのスラブの変化は、物理的な要因での変化だけではありません。というのは、スラブに含まれる海洋地殻の玄武岩は、地球内部の高圧で密度の大きなエクロジャイトに相転移し、かんらん岩も密度の大きいものに相転移するという化学的な要因があるからです。密度が変化するということは、同じ質量のまま体積が変化するということですから、スラブ内ではたらく応力に変化が起こります。これによって断層ができ、地震が起こっている可能性があります。また、重くなったスラブが下から引っぱっているので、それによる応力も地震に関係しているに違いありません。

200km以上深いところの地震は、**深発地震**とよばれます。スラブの曲がりは解消された後ですから、これらの地震は岩石の結晶構造の相転移と深く関係があると考えられています。原因は複合的であり、それらがどのように関係し合っているかは、実際のところまだよくわかってはいません。

これらのスラブ内地震は、一般にあまり規模が大きくなりませんが、マグニチュードが大きくなった例もあります。釧路平野の南方沖の深さ約100kmの震源で発生した1993年釧路沖地震はM7.5となり、震度6を記録しました。

深発地震は、不思議な現象も引き起こすことがあります。震源が日本海の地下にあって、地震速報で震源（震央）の×印が日本海についているのに、揺れが観測された地方が太平洋側に並んでいて、日本海側がほとんど揺れないといった現象です。このような地震情報に接したとき、何かの観測ミスではないかとつい疑いますが、そうではなく**異常震域**とよば

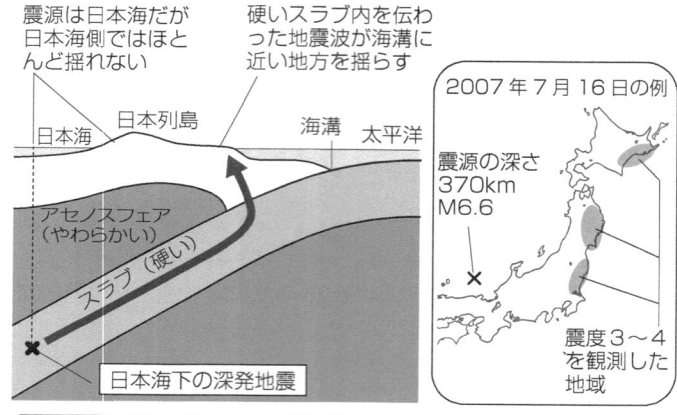

図中のラベル:
- 震源は日本海だが日本海側ではほとんど揺れない
- 硬いスラブ内を伝わった地震波が海溝に近い地方を揺らす
- 日本海／日本列島／海溝／太平洋
- アセノスフェア（やわらかい）
- スラブ（硬い）
- 日本海下の深発地震
- 2007年7月16日の例
- 震源の深さ370km M6.6
- 震度3〜4を観測した地域

図8-13 深発地震による異常震域

れる現象です。これは図8-13のように、地震波がやわらかいアセノスフェアよりも硬いスラブ内を効率よく伝わり、さらに海溝で接する上盤プレートに伝わって、太平洋に面した地域を揺らした現象です。

さて、沈み込み帯の地震で最後に残った海溝型地震については、節を改めて詳しく解説します。

3 見直される海溝型地震

チリ型とマリアナ型──見直しも必要に

海溝から沈み込んだ海洋プレートが、接する陸側プレートとの境界で滑り動いて発生するのが海溝型地震です。押し合うプレート境界がずれ動くことは、断層に当てはめると、逆断層にあたります。海溝で接するプレート境界は大きな広がりをもつため、それが一度に動くと、M8やM9の巨大地震を

8章 プレートテクトニクスと地震

引き起こします。しかし、海溝で接するプレートの状態によって、ずれ動き方は大きく異なると考えられます。そのことから、1979年、上田誠也と金森博雄によって、海溝を2つの典型——チリ型とマリアナ型——の間において考えることが提唱されました（図8-14）。

チリ型は、沈み込むプレートの年齢が若く、まだ温度が高いため軽く、浮力がはたらいてゆるやかな角度で沈み込んでいます。1960年にチリ海溝で起こった地震はM9.5の記録史上最大の規模でした。引き起こされた大津波が太平洋を横断

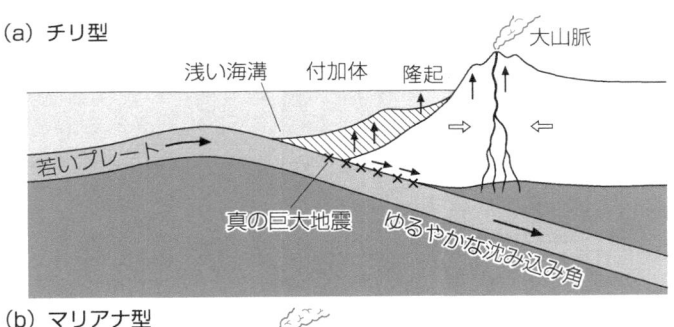

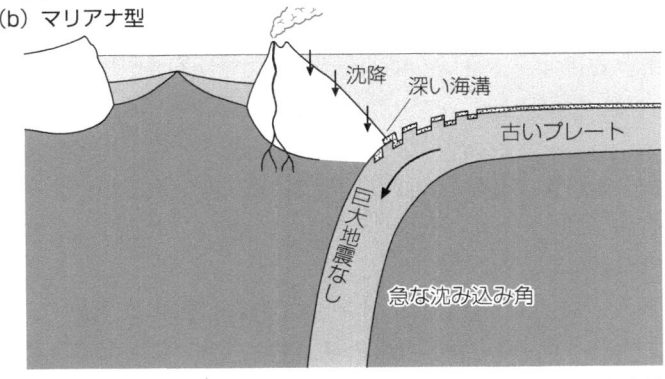

(a) チリ型

(b) マリアナ型

図8-14 チリ型とマリアナ型　　　　　　（『プレート・テクトニクス』を改変）

して日本にも押し寄せ、最大で6mの津波により死者・行方不明者が142名にもなりました。チリ型では、沈み込んだスラブは軽いために浮力で陸側プレートに強く押しつけられて接するため、摩擦が大きくなります。それに加えて広い面積で接するためにプレート境界が密着し、弾性変形による大きな歪みが蓄積されることによって、巨大地震が起こりやすいと説明されました。

　ところが、2011年にM9の東北地方太平洋沖地震を起こした日本海溝はチリ型ではなかったので、チリ型が巨大地震を起こすという見方は、見直しが迫られています。

　もう一方のマリアナ型の典型とされるマリアナ海溝は、日本の伊豆・小笠原海溝の南につながる世界でもっとも深い海溝です。沈み込むスラブの年齢は1億5000万年ともっとも古く、冷えて重いため、海溝から沈み込んだ後、スラブはほぼ真下に向いています。

　マリアナ海溝を北にたどると、スラブはしだいに角度がゆるやかになりますが、伊豆・小笠原海溝もけっこうな急角度で沈み込んでいます。さらに北の日本海溝の部分では、沈み込み角度はゆるやかになり、チリ型とマリアナ型の中間くらいです（図8-15）。マリアナ型では、チリ型のように海溝で強く接することがなく、接する面積も小さいので、大きな地震を起こすことなく、沈み込んでいきます。ただし、沈み込む海洋プレートの凹凸で引っかかりがあるところでは、小さな地震は起こります。

　チリ型では、強く押しつけられるため付加体が発達するとも考えられましたが、現在では海溝に流れ込む堆積物の量が多い場合に付加体が発達するとわかっているので、付加体は

8章 プレートテクトニクスと地震

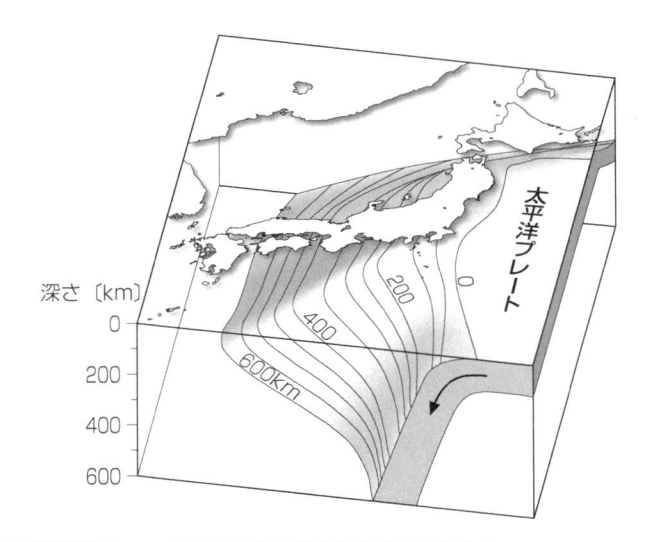

図 8-15 伊豆・小笠原海溝と日本海溝の沈み込み方

(出典:日本地震学会HP)

チリ型の特徴とは必ずしも言えません。しかし、付加体ができるような堆積物が海溝に充てんされていると、海洋プレートの上面の凹凸を埋めて平らにする効果があり、これは巨大地震の発生のメカニズムと関係があります。次に述べるアスペリティーの形態が変わるのです。

アスペリティー——地震の引き金、ストッパー

地震を起こす前の断層やプレート境界は、弾性変形によってずれ動こうとしながらも、断層やプレート境界が固着したり引っかかったりして、その動きが止められています。この、固着し、引っかかりのある部分を**アスペリティー**と言います。これは、地震の発生をモデル化したときの概念で、2000年

ころから盛んに使われるようになりました。このモデルで考えると、摩擦の大きさなどを数値化し、地震が起こる周期や震源の範囲をコンピュータでシミュレーションして、うまく説明できるからです。

　図8-16は、プレート境界のアスペリティーの模式図です。プレート境界には、滑りやすくて普段からゆっくり滑っている部分と、固着して普段滑らないアスペリティーの部分があります。岩石はある程度弾性変形するので、固着した部分が動かなくても、周囲は変形しながら少し滑るのです。この滑りには、水の関与が想像されます。スラブ上層の堆積物から絞り出された水や、鉱物の相転移によって遊離した水が、プレート境界に存在するはずです。水の圧力が高まって、岩石どうしの接触を弱めると、プレート境界はきわめて滑り動きやすくなることはすでに述べた通りです。

　1つのアスペリティーが破壊された場合を考えましょう。すると、その周囲の部分はずれ動きます。しかし、別のアスペリティーが破壊されずに残っていると、それがストッパーの役割をし、動くのは一部分だけになります。ですから、小さなアスペリティーがたくさんあるような場所では、大きな地震は起こりにくく、小さな地震が多発すると考えられます。アスペリティーは、ときに地震の引き金の役割を果たし、ときにストッパーの役割をするというわけです。

　アスペリティーは地震の周期や動く断層の範囲を考えるうえで役立つ概念ですが、実態としては、何がプレート境界を固着させる原因になるのでしょうか？　その1つは、海洋プレート上の凹凸であると考えられます。海洋プレート上のホットスポット火山、正断層によるホルスト・グラーベン構

8章 プレートテクトニクスと地震

造の凹凸、かつて海嶺でできた断裂帯の段差などは、アスペリティーになり得るでしょう。

また、プレート境界は、付加体が形成される場でもあります。上盤プレートへの底付け作用では、滑っていたプレート境界に何かの引っかかりができ、その結果逆断層が生じて付加体が積み重なっていくので、その引っかかりもアスペリティーであるはずです。また、付加体ができるときの断層の活動は地震の発生とも関係があることが予想されますが、よく解明されていません。

さらに、なめらかなプレート境界でも、鉱物の沈殿などによって固着してしまう場合もあると考えられます。アスペリティーの実態が何であるかは、いろいろな説があり、その実態を知るには、実際に掘って調べることが大きな手がかりになります。海洋底を数千m掘削できる、日本の深海掘削船

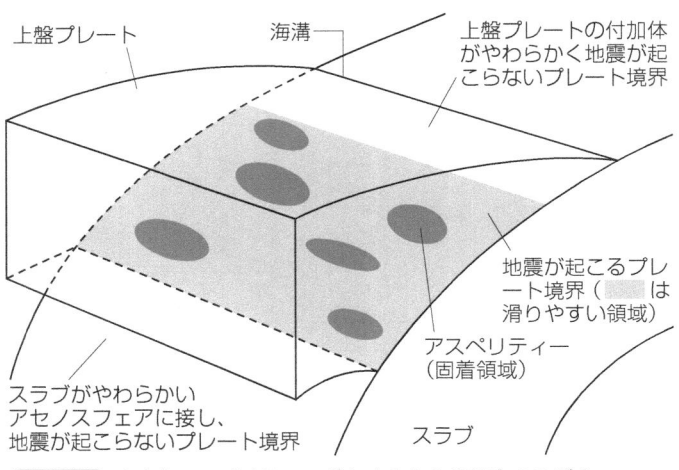

図 8-16 小さなアスペリティーがたくさんある場合のモデル

「ちきゅう」による成果が待たれます。

次に、広い面積のアスペリティーがある場合を示したモデルが図8-17です。海洋プレートの上に凹凸がたくさんある状態では、個々のアスペリティーの面積は小さくなるので、このような広いアスペリティーが形成されるのは、どのような場合でしょうか。

従来説明されてきたのは、海溝に堆積物が充てんされていて、付加体が形成されているような場合、広いアスペリティーになるということです。堆積物が沈み込む海洋プレート上面の凹凸を埋めると、プレートの上面が平らになります。日本の周辺では、南海トラフがこれにあたります。スラブが沈み込む角度もゆるやかで、チリ型とされてきたタイプに近い沈み込み帯です。

スラブの上面がなめらかなので、滑りやすいという側面も

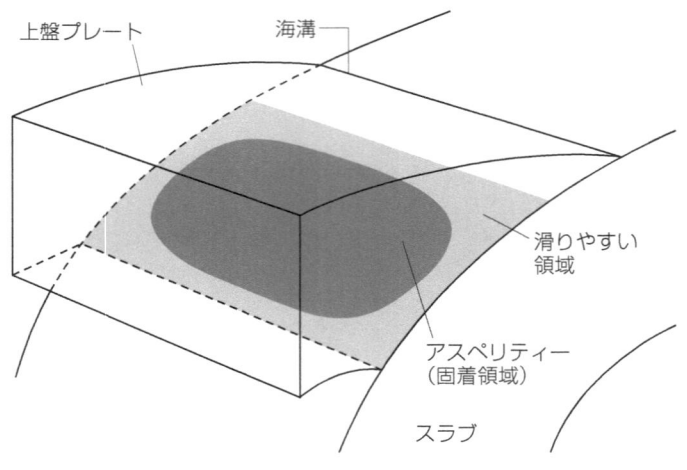

図 8-17 広いアスペリティーがある場合のモデル

⑧章　プレートテクトニクスと地震

あるのですが、広い面で接し、かつスラブの浮力によって強く押しつけられて接しているので、結果として強い固着状態になります。1つのアスペリティーが大きいので、それがはがれると、広い範囲が一度に大きく滑り動いて、マグニチュード

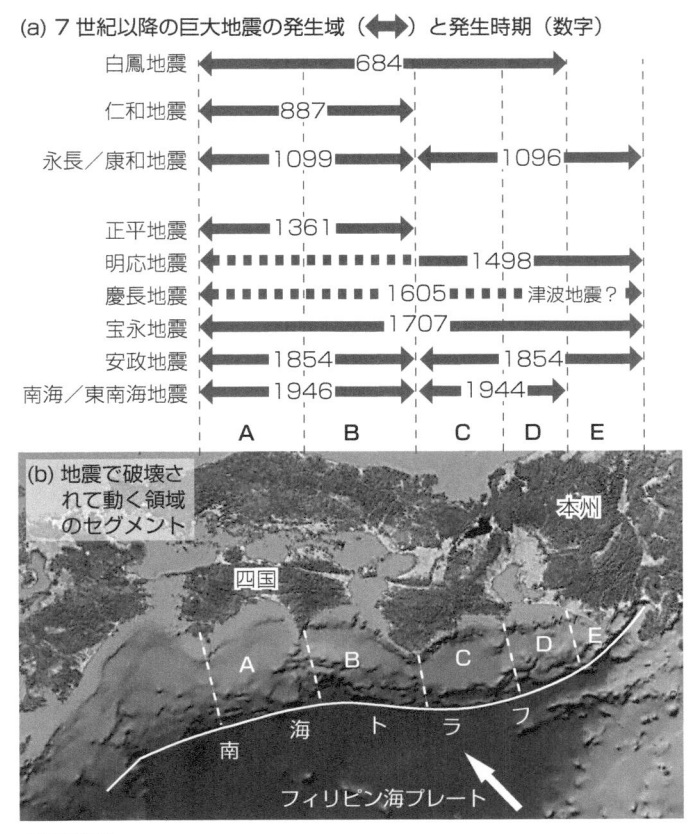

(a) 7世紀以降の巨大地震の発生域（⟷）と発生時期（数字）

白鳳地震	684
仁和地震	887
永長／康和地震	1099　1096
正平地震	1361
明応地震	1498
慶長地震	1605　津波地震？
宝永地震	1707
安政地震	1854　1854
南海／東南海地震	1946　1944

A　B　C　D　E

(b) 地震で破壊されて動く領域のセグメント

本州
四国
南　海　ト　ラ　フ
フィリピン海プレート

A　B　C　D　E

図8-18　南海トラフにおける地震
(『付加体と巨大地震発生帯』、〈石橋・佐竹, 1998〉、〈Cumminsほか, 2001〉を改変)

209

の大きな地震を起こします。南海トラフの地震については、このアスペリティーモデルがよく当てはまると言えるでしょう。

　図8-18は、南海トラフにおける地震の震源域を表したもので、海底の地形からA～Eの「セグメント」とよぶ区域に分けて考えています。南海トラフの地震は、過去千数百年の地震発生記録が古い文書に残る、世界でも珍しい事例です。各地における地震被害の記録などから、震源の範囲を推定して表したのが、図中の表です。A～Eのセグメントは、全部が連動して動く場合と、分離して動く場合とがあります。BとCのセグメントは分かれて動く傾向がありますが、これはちょうど、この場所に大きな海山が沈み込んでいる事実と符合します。海山によるアスペリティーがBとCの連動のストッパーになっていることが考えられます。この海山によるアスペリティーが破壊されたとき、CからBへ連動して地震が起こることになります。

　地震がいつ起こるかの予側は大変難しいですが、過去の記録では100年から150年の間隔で発生しており、今世紀前半に起こる可能性がきわめて高いと見られています。

スロースリップの謎

　近年、GPSによる位置計測によって、地球表面の歪みが計測されるようになりました。地震が起こると、プレートの弾性変形が解消されるので、地球表面の地点の位置関係に変化が生じます。2011年の東北地方太平洋沖地震では、震源域の断層は最大50mずれ、陸地の地点で見ても東北地方が最大で5m近く東へ動きました。逆に言うと、地震が起こらないで弾性変形を蓄積している期間は、何十年もかけてゆっく

りと位置変化が起こり、蓄積されると言えます。
　ところが、東海地方で奇妙な位置変化が2000年から5年間かけて観測されました。東海地方の浜名湖付近の地殻で、プレート運動による歪の蓄積とは逆の──つまりプレート運動による歪の蓄積を解消するような──8cmの位置変化が記録されました。これは「東海スロースリップ」とよばれています。5年という非常にゆっくりとした変動なので地震動は感じられませんが、変動を地震のマグニチュードに換算するとM6.8になります。その後、ほかの場所でも同じような現象が観測されるようになり、「ゆっくり地震」「サイレント地震」ともよばれています。
「東海スロースリップ」では、プレート境界が5年間に10～20cm滑り動き、それにともなって地表に8cmの位置変化が生じたと見積もられています。
　スロースリップが起こるのは、固着したアスペリティーの領域ではなく、それ以外の滑りやすい領域であると考えられますが、それまで滑っていなかった領域がある期間だけ滑るしくみなど、詳細は謎のままです。

海溝型地震の起こす津波
　2004年のスマトラ島沖地震は、M9.1となり、海溝に沿った海底の広い範囲が隆起して、大津波を引き起こしました。津波が海岸を襲うようすは映像として記録され、インターネットで配信されたので、ほぼリアルタイムで世界から注視されました。この津波は、平均で高さ10mに達し、数回にわたってインド洋沿岸に押し寄せ、インド洋沿岸の各国で合計22万人という想像を超える数の死者を出しました。

この地震は、インド・オーストラリアプレートが北東に向かって沈み込む、スンダ海溝・ジャワ海溝における海溝型地震です。この海溝は、マレー半島の南に位置するスマトラ島の西側の沖に位置します。ずれたプレートの境界面は南北に約400km、東西に約150kmにわたる範囲、ずれた距離は最大約20mです。

　この海溝は、ヒマラヤ山脈の南斜面をモンスーンによる大量の雨が浸食して流れ出した土砂が充てんされており、付加体のできる沈み込み帯となっています。チリ海溝や南海トラフも付加体ができる沈み込み帯ですから、似たタイプと言え

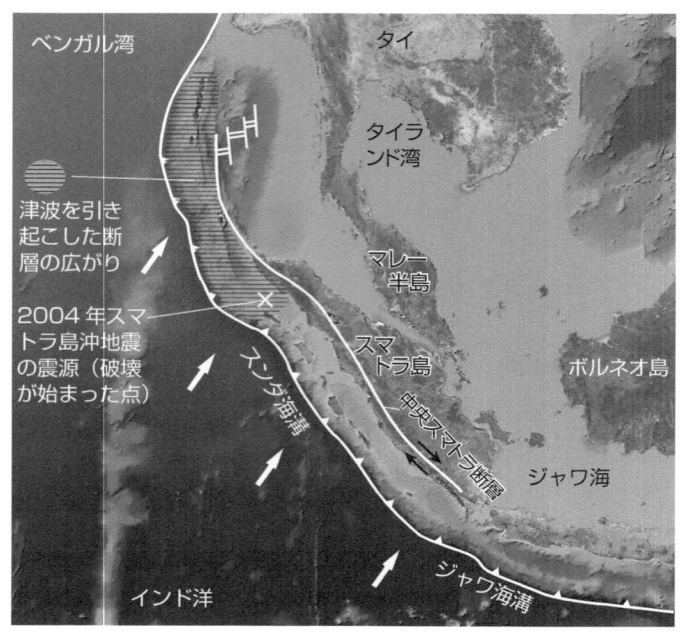

図 8-19 スンダ海溝・ジャワ海溝の沈み込み帯　　（画像：NASA）

212

るでしょう。

　南海トラフが引き起こす海溝型地震も、大津波の発生をともなうことが懸念されています。さらに、津波の危険は大きな揺れを感じる大地震の発生のときだけではありません。図8-18に示した1605年の事例は、大きな地震動の記録がないにもかかわらず津波が発生したと考えられ、スロースリップのように地震動をともなわないプレートの動き（ただしスロースリップよりは速い動き）が津波を引き起こす可能性も指摘されています。

高速で滑ったプレート境界

　図8-20は、南海トラフの断面を表した模式図です。南海トラフにたまった堆積物がフィリピン海プレートといっしょに上盤の付加体の下に潜り込んでいます。海溝近くの付加体は、まだ続成作用が進んでおらず、やわらかい岩石でできて

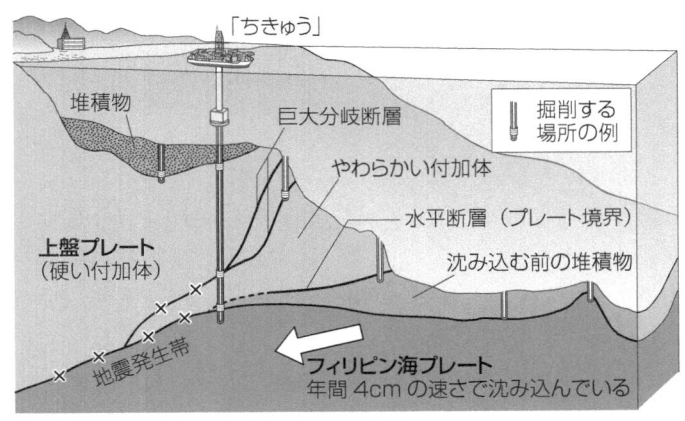

図8-20　南海トラフの断面と調査計画

（『KANAME ニュースレター』vol.1 を改変）

います。このやわらかい付加体の部分でプレート境界がずれ動いても、強い地震動を発生させないと考えられています。プレート境界の本格的な地震発生帯は、もっと岩石が硬くなった深さ数kmから60kmくらいの領域です。

「ちきゅう」により、南海トラフの海底を掘って、地震発生帯の断層から岩石を円柱状に切り取ったサンプルを採取する計画が進められています。また、それよりも浅い、地震発生帯から海溝へと延びるプレート境界や、分岐して海底に達する断層からもサンプルを取る計画も進められ、一部で成功しました。その結果、それまで地震を起こさないと考えられていた、海溝近くのやわらかいプレート境界から重要な発見がありました。摩擦熱で温度上昇した断層面が見つかったのです。このような温度上昇は、ゆっくりとした滑りでは生じません。地震の際に、高速で滑り動いたことの証拠です。

　海底近くの地層なので、ここが高速でずれ動くと、海底が急速に隆起し、津波を発生させることにつながります。この発見があるまでは、地震発生帯の断層が動いたとき、海溝近くの付加体はやわらかいので、グニャッと変動を吸収すると考えられていました。南海トラフにおける津波の発生の危険は、非常に大きいと言えます。

　2011年の東北地方太平洋沖地震も、M9の海溝型の地震であることは繰り返しふれました。大津波が発生したのは、海溝近くのまだやわらかい地層が、深い部分のプレートの動きに連動して、高速で大きく滑ったためと考えられます（図8-21）。その動きが、海底を急速に押し上げ、大津波を発生させたのです。南海トラフのプレート境界で発熱した断層面の発見と東北地方太平洋沖地震の大津波発生のメカニズムと

8章　プレートテクトニクスと地震

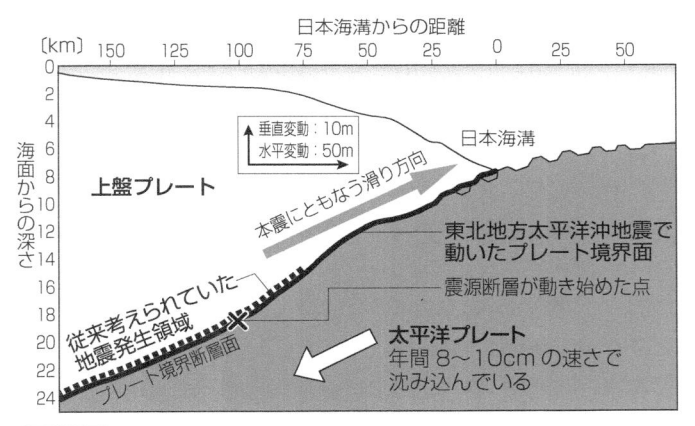

図 8-21 日本海溝の断面と調査計画　　（『Blue Earth』118号を改変）

には関連があります。

さらに、東北地方太平洋沖地震の発生により、アスペリティーモデルの見直しも迫られています。プレート境界がなめらかではなく、数多くのアスペリティーがある日本海溝の沈み込み帯では、M9となるような巨大地震は起こらず、多くのアスペリティーが途中で震源域の拡大を止めると考えられていたからです。

プレートテクトニクスの革命で地球科学は飛躍的に進歩し、地球上のさまざまな現象を解明する指針を得ました。しかし、個々の現象については未解明のことがまだまだ多く残っており、地震の発生のしくみも、その大きな1つであると言えるでしょう。

あとがき

　地球科学のプレートテクトニクス革命が起こった 1960 年代と、その革命が遅れて日本へやってきた 1970 年代を現場で体験された生き証人に、第 2 次世界大戦後東京大学理学部の地質学教室におられた杉村新先生がいらっしゃいます。本書でも解説した火山フロントの提唱者であり、日本語版と英語版で『弧状列島 (Island Arcs)』と題するプレート沈み込み帯に関する総括的著作を上田誠也氏と著し、世界に日本の地球科学を知らしめた先人でもあります。さらに、地形学、地質学、地球物理学、地震学を真に融合し、黎明期の活断層研究の開始を強くリードしてきました。

　杉村先生は、50 歳に至るまでの長きにわたり、大学における職階が助手のままでした。そして神戸大学に新しくできた地球科学教室へ教授として、異例の助教授（現在の准教授）を飛び越えた人事で赴任されました。プレートテクトニクス反対論が渦巻く学界の「進歩と逆流」の状況を象徴する存在と言えるでしょう。

　日本の地質学界で本格的なプレートテクトニクス革命が始まったとき、それは欧米のそれとは異なり、放散虫革命に象徴される日本独自の発展を遂げました。それを主に担ったのは、杉村先生とは親子ほど歳の違う戦後生まれの団塊の世代でした。著者の一人木村は偶然にこの日本での革命期を学生時代に経験しました。それから三十有余年の時が流れた今、先生は卒寿（90 歳）を迎えられました。

　この間に何がどのように発展したでしょうか？　1980 年代以降、プレートテクトニクスは日本でも広く学界で受け入

れられ、そのさらなる検証と詳細な観測のための飛躍の準備が進められました。その典型は全地球スケールでのGPS（汎地球測位システム）による現在進行形の地殻変動の観測、地震波を使った地球内部構造の観測、そしてスーパーコンピューターを使った大規模計算です。さらに物理学的な観測のみならず、地球を構成する岩石や物質の構造、化学的性質に関する研究も分析機器の進歩に支えられ大いに発展しました。そして今は21世紀。インターネットの普及も相まって大量データ、大量情報の流通というこれまでの科学が経験したことのない、「ビッグデータ」の時代へ突入しています。

　そんな中、本書の企画が著者のもう一人、大木によって持ちかけられました。東日本大震災の後、プレートという言葉が繰り返しマスコミから流れ、地震についての書籍は多数出版されたがプレートテクトニクスそのものを詳しく解説した入門書がほとんどないので、ともに書かないかというのです。木村は提案を聞いて、本書発行の意義に賛同しました。プレートテクトニクスの革命期を学生時代に経験しましたが、それから長い時間を経て、その入門書を書くことになるとは夢にも思わないことでした。

　教科書編集を仕事にしてきた大木は、一般の人が持つ理科の基礎的な知識・思考についてよく知り、専門の研究者と組んで普及書を書いた実績もあります。一方、木村は専門書や研究論文は書いてきましたが、本格的な普及書を記したことはありませんでした。そこで両者が組んで、中学理科を履修しただけの基礎知識でもわかる入門書を記す挑戦が始まりました。大木が記し、それを木村が専門的な視点から見て手を入れるという作業によってできあがったのが本書です。

科学がますます詳細な分野に分かれ、1人ではどうしても全貌がつかみにくい「たこつぼ」時代に入っており、それは地球科学においても同じです。プレートテクトニクス理論の成立・成功の歴史の決め手は、実はその「たこつぼ」からの脱却にあったというのが重要な教訓なのです。大量のデータと事実の記述が進行すると、それらの相互のつながりや統一的説明に次々とほころびが出てきます。すると科学には、もはや従来の理論体系では説明できないことを一挙に解決するための革命が起こるのです。その際に「たこつぼ」が破壊されます。

　地球科学においてプレートテクトニクスが成立してすでに40年以上の時が流れました。そして大量のデータが出され、そこに容易にアクセスできる時代となりました。それはとりもなおさず科学の次の革命に向かって人類がどんどん前へ進んでいるということなのです。プレートテクトニクス理論は、地震発生などの地球未来の予測のために必須です。本書を乗り越えさらに「新しい地球観」構築へ向かって、次世代が前へ進むことこそが著者らの願いです。

　本書の企画段階では講談社の堀越俊一氏、原稿入稿から完成までは同社の小澤久氏や校閲の方たちのご努力があって本書は完成しました。また、宮嶋敏氏には、高校地学教諭としての実践や教科書の執筆の経験から、入門者が理解しにくい点の指摘など、本書の完成にとって欠かせない意見をいただき、改善することができました。ここにお礼申しあげます。

　　　2013年8月　　　　　　　　　　　　　　著者　木村　学
　　　　　　　　　　　　　　　　　　　　　　　　　大木勇人

参考文献

『プレート収束帯のテクトニクス学』木村学、東京大学出版会、2002 年
『地質学の自然観』木村学、東京大学出版会、2013 年
『付加体と巨大地震発生帯』木村学・木下正高編、東京大学出版会、2009 年
『プレートテクトニクスの基礎』瀬野徹三、朝倉書店、1995 年
『地球ダイナミクスとトモグラフィー』川勝均編、朝倉書店、2002 年
『地球のダイナミックス』平朝彦、岩波書店、2001 年
『岩波講座地球科学 11 変動する地球』上田誠也ほか編、岩波書店、1979 年
『地球学入門』酒井治孝、東海大学出版会、2003 年
『進化する地球惑星システム』東京大学地球惑星システム科学講座編、東京大学出版会、2004 年
『図説 地球科学』杉村新・中村保夫・井田喜明編、岩波書店、1988 年
『ニューステージ新訂地学図表』浜島書店、2003 年
『理科年表 平成 25 年版』国立天文台編、丸善
『鉱物の科学』地学団体研究会編、東海大学出版会、1995 年
『マグマの地球科学』鎌田浩毅、中公新書、2008 年
『地球は火山がつくった』鎌田浩毅、岩波ジュニア新書、2004 年
『大陸と海洋の起源(上・下)』ヴェーゲナー著・都城秋穂・紫藤文子訳、岩波文庫、1981 年
『新しい地球観』上田誠也、岩波新書、1971 年
『プレート・テクトニクス』上田誠也、岩波書店、1989 年
『地震予知の科学』日本地震学会地震予知検討委員会編、東京大学出版会
『ゼミナール地球科学入門』横山一己監修・宮下敦著、日本評論社、2006 年
『地球の内部で何が起こっているのか?』平朝彦・徐垣・末廣潔・木下肇、光文社新書、2005 年
『地球の中心で何が起こっているのか』巽好幸、幻冬舎新書、2011 年
『超巨大地震に迫る』大木聖子・纐纈一起、NHK 出版新書、2011 年
『発展コラム式 中学理科の教科書』石渡正志・滝川洋二編、講談社ブルーバックス

◎雑誌・広報誌など
『Blue Earth』118 号、海洋研究開発機構、2012 年
『KANAME ニュースレター』vol.1 (2010)、vol.2 (2011)、文部科学省
『Journal of Geography』117 (1) 76-92 2008、「東北日本弧下のマントルウェッジの地震学的構造とその解釈」、中島淳一・長谷川昭

◎参考ウェブページ
日本地球惑星科学連合/日本地震学会/気象庁/防災科学技術研究所/地震調査研究推進本部/東北大学/大鹿村中央構造線博物館/USGS(アメリカ地質調査所)/IAVCEI(国際火山学及び地球内部化学協会)

さくいん

【あ行】
アイスランド　118
アイソスタシー　21, 25, 89, 178
アウターライズ地震　197
アスペリティー　205, 215
アセノスフェア　73, 86
圧力溶解　69
アフリカ大地溝帯　122
アルキメデスの原理　26, 89
異常震域　201
伊豆半島　161, 163
糸魚川-静岡構造線　163
インド小大陸　173
ウィルソン　55
ウィルソンサイクル　55
ウェーゲナー　9, 10, 18
上田誠也　203
エクロジャイト　111, 130, 201
遠洋性堆積物　91
オイラー極　97
応力　136
押し波　199
オフィオライト　91
オホーツクプレート　171
オリビン　63, 83, 112, 168

【か行】
海溝　126, 138, 140
海溝型地震　200, 202, 211
海山　146
海台　120
海洋地殻　150
海洋底　23
海洋底拡大説　41, 43
海洋底の年齢　46
海洋プレート　76, 90, 92, 169
海嶺　42, 76, 83, 92
海嶺(の地震)　188
海嶺の沈み込み　156
かこう岩　73, 133
かこう岩質マグマ　133
火山フロント　132, 135
火山分布　126

火成岩　60
活断層　196
金森博雄　203
含水かんらん岩　132
岩石圏　61
かんらん岩　64, 79, 82, 84, 110
かんらん石　63
緩和時間　72
北アメリカプレート　3, 52, 170
逆断層　136, 141, 196
キュリー温度　36
挟在大陸　15
グーテンベルク不連続面　32
くさび状マントル　129
久城育夫　81
ケイ酸塩鉱物　60, 62
結晶内変形　67
結晶分化作用　133
ケッペン　14
減圧融解　81, 83
現世付加体　147
玄武岩　73, 88, 110
玄武岩質マグマ　77, 85, 88
洪水玄武岩　120
鉱物　60, 66
古地磁気学　37

【さ行】
サイレント地震　211
サンアンドレアス断層　190
珊瑚礁　146
残留磁気　37, 48
シアル　12
シェールガス　187
地震動　183
地震波　30, 87, 105, 182
地震波トモグラフィー　105
沈み込み帯　50
沈み込み帯の地震　194
磁鉄鉱　36
シマ　12
四万十帯　143
四面体　62

220

ジャワ海溝	212
収束境界	50
衝突(帯)	51, 172
衝突帯の地震	191
鍾乳洞	146
上盤プレート	129
震源(の)分布	54, 189, 195
震度	183
深発地震	201
スーパープルーム	108, 119, 122
スピネル構造	112
スマトラ島沖地震	211
スラブ	110, 113
スラブ内地震	200
スラブの窓	157
スロースリップ	211, 213
スンダ海溝	212
正断層	137
石英	169
セグメント	210
石灰岩	146
前弧スリバー	164
造岩鉱物	60
造構性浸食作用	152
相転移	111, 130
続成作用	148, 213
底付け作用	149, 151
塑性変形	66
【た行】	
第1鹿島海山	147
太平洋プレート	3, 52, 205
ダイヤモンドアンビルセル	85
平朝彦	145
大陸	21, 168
大陸移動	54
大陸移動説	10, 35
大陸と海洋の起源	9, 10, 12, 18
大陸氷河	17
大陸プレート	169
ダスト	102
弾性変形	65
断層	135
断層面	186
断裂帯	92, 207
地殻	72
ちきゅう	208, 214
地球型惑星	103
地球収縮説	19
地球ダイナモ	37
地球内部の構造	33
地溝	76, 122
地向斜	19, 57, 142
地磁気	35
地質区分	143
地質年代	12
千島列島	163
地層	135
チベット高原	172, 176
チャート	91, 143
中央構造線	166
中軸谷	76
超大陸	10, 55, 161
チリ型	202, 208
津波	4, 198, 211
泥火山	130
低速度層	87, 88
ディーツ	43
テープレコーダーモデル	46, 49
デュープレックス構造	151, 160
デラミネーション	175
転位滑り	68
天皇海山列	116
島弧	127, 161
東北地方太平洋沖地震	185, 204, 210, 214
溶け残りマントル	89, 110
トラフ	145
トランスフォーム断層	51, 92, 94, 97
トランスフォーム断層の地震	188
【な行】	
内陸型地震	196
斜め沈み込み	163
南海トラフ	145, 166, 209, 213
日本海溝	152, 204
日本海溝の断面	215
日本列島	124
熱水	70, 78, 82
熱水循環	78
粘性変形	66
【は行】	

221

バイン	48	マグニチュード	183
破壊的変形	72	マグマ	80, 132
破砕帯	187	マグマオーシャン	104
発散境界	50	枕状溶岩	77, 128, 149
ハルツバージャイト	89	マシューズ	48
ハワイ諸島	116	松山基範	48
パンゲア	10, 55, 161	マリアナ型	202
阪神・淡路大震災	138, 197	マリンスノー	90
はんれい岩	78	マントル	30, 72, 79, 108
東日本大震災	185	マントルウェッジ	129
引き波	199	マントルオーバーターン	121
ヒマラヤ・アルプス衝突帯	191	マントル対流	100, 105, 121, 160
ヒマラヤ山脈	172	水の添加	81, 128
氷河	16, 24	メガリス	113
兵庫県南部地震	138, 197	モホロビチッチ	30
微惑星	102	モホロビチッチ不連続面（モホ面）	31
フィリピン海プレート	3, 52, 156	【や行】	
フォッサマグナ	167	歪みエネルギー	185
付加作用	140, 149, 150	ゆっくり地震	211
付加体	57, 141, 150, 208	横ずれ境界	51
付加体のある海溝	153	横ずれ断層	138, 164, 193
伏角	38	【ら行】	
部分融解	85, 86	リソスフェア	72
プルーム	108	陸橋	15, 16
プレート	3, 49, 54, 72	リッジ押し	100, 101
プレート境界	50, 162	リフト帯	122, 158
プレート境界の地震	182	流紋岩質マグマ	133
プレートテクトニクス	5, 49, 54, 100	【わ行】	
プレートの絶対運動	96	和達清夫	195
プレートの相対運動	95	和達-ベニオフ面	57, 195
プレート分布	52	割れ目噴火	77
ヘス	43	【アルファベット】	
ベニオフ	195	GPS	210
ペリドット	64	SiO_4 四面体	61
ペルー・チリ海溝	156		
ペロブスカイト構造	113		
放散虫	40, 91, 144		
放散虫革命	145		
放射年代測定法	39		
ホームズ	39, 105		
ホットスポット	95, 116, 120, 146		
ホルスト・グラーベン構造	139, 149, 154, 197, 206		
【ま行】			
マイクロプレート	170		

N.D.C.455　222p　18cm

ブルーバックス　B-1834

図解・プレートテクトニクス入門
なぜ動くのか？　原理から学ぶ地球のからくり

2013年9月20日　第1刷発行
2024年4月8日　第7刷発行

著者	木村　学 大木勇人
発行者	森田浩章
発行所	株式会社講談社
	〒112-8001　東京都文京区音羽2-12-21
電話	出版　03-5395-3524
	販売　03-5395-4415
	業務　03-5395-3615
印刷所	(本文表紙印刷) 株式会社KPSプロダクツ
	(カバー印刷) 信毎書籍印刷株式会社
製本所	株式会社KPSプロダクツ

定価はカバーに表示してあります。
© 木村　学・大木勇人 2013, Printed in Japan
落丁本・乱丁本は購入書店名を明記のうえ、小社業務宛にお送りください。送料小社負担にてお取替えします。なお、この本についてのお問い合わせは、ブルーバックス宛にお願いいたします。
本書のコピー、スキャン、デジタル化等の無断複製は著作権法上での例外を除き、禁じられています。本書を代行業者等の第三者に依頼してスキャンやデジタル化することはたとえ個人や家庭内の利用でも著作権法違反です。
Ⓡ〈日本複製権センター委託出版物〉複写を希望される場合は、日本複製権センター（電話03-6809-1281）にご連絡ください。

ISBN978-4-06-257834-9

発刊のことば

科学をあなたのポケットに

　二十世紀最大の特色は、それが科学時代であるということです。科学は日に日に進歩を続け、止まるところを知りません。ひと昔前の夢物語もどんどん現実化しており、今やわれわれの生活のすべてが、科学によってゆり動かされているといっても過言ではないでしょう。

　そのような背景を考えれば、学者や学生はもちろん、産業人も、セールスマンも、ジャーナリストも、家庭の主婦も、みんなが科学を知らなければ、時代の流れに逆らうことになるでしょう。ブルーバックス発刊の意義と必然性はそこにあります。このシリーズは、読む人に科学的に物を考える習慣と、科学的に物を見る目を養っていただくことを最大の目標にしています。そのためには、単に原理や法則の解説に終始するのではなくて、政治や経済など、社会科学や人文科学にも関連させて、広い視野から問題を追究していきます。科学はむずかしいという先入観を改める表現と構成、それも類書にないブルーバックスの特色であると信じます。

一九六三年九月

野間省一